Kristina Räder | Veronika Rothe

Dummy-Training

mehr als Apportieren

Team werden | Herausforderungen meistern | Leichtigkeit finden

Müller Rüschlikon

Einbandgestaltung: R2 I Ravenstein, Verden

Titelfoto: Thore Brockhoff / 202.de

Foto auf der Umschlagrückseite: Andrea Geiger

ISBN 978-3-275-02325-7

Postfach 103743, 70032 Stuttgart

Ein Unternehmen der Paul Pietsch Verlage GmbH & Co. KG

Folgen Sie uns für mehr Infos zu unseren Hundebüchern auf:

www.instagram.com/muellerrueschlikon.hund

www.facebook.com/muellerrueschlikonverlag

3. Auflage 2025

Sie finden uns im Internet unter www.mueller-rueschlikon-verlag.de

Gesamtleitung: Claudia König
Innengestaltung: Markus Köllmann, tebitron GmbH
Druck und Bindung: Graspo CZ, 76302 Zlin
Printed in Czech Republic

Inhalt

Einleitung

V. l. n. r. Hamlet, Barney, Vroni, Tina, Flinte, Jody, Nike, Summer (Foto: Andrea Geiger)

Dummy-Arbeit ist nicht einfach nur eine Beschäftigung. Wenn du schon ein wenig in die Materie eingetaucht bist, weißt du, dass es sich um eine wirklich tolle gemeinsame Arbeit mit dem Hund handelt und nicht nur um einen dreiwöchigen Kurs, der einmal gebucht und ausprobiert wird. Wenn du einmal angefangen und gemerkt hast, wie viel möglich ist, wie viel Freude es macht, wie sehr dein Hund seine Leidenschaften ausleben darf, seine Nase einsetzen und seinem Bewegungstrieb nachgehen kann, eine Aufgabe bekommt, und dann dieses Gefühl hast, als Team zueinander zu finden, wirst du uns zustimmen. Wenn du mehr in das Thema eintauchst, dich intensiver mit dieser Beschäftigungsform auseinandersetzt und mit deinem Hund schon das ein oder andere Training erlebt hast, dann weißt du, dass es schnell Suchtcharakter hat, wenn man diesem Hobby mit dem Hund gemeinsam nachgeht.

Nicht immer ist dieses Hobby so leicht. Es gibt vieles, was wir in einzelnen Details lernen müssen, denn für strukturiertes Dummy-Training braucht es bestimmte Fertigkeiten. Dabei ist es egal, welche Ziele du hast: ob du einfach nur zum Spaß ein bisschen trainieren willst oder es doch auch einen Charakter des prüfungsambitionierten Vorgehens hat – es ist doch immer wieder so, dass wir auch außerhalb der Fertigkeiten mit unserem Hund einiges dazulernen. Wir machen eine kleine Reise durch die Trainerschaft, die es so gibt. Wir schauen uns verschiedenste Gruppen an. Wir versuchen, irgendwo eine Idee zu bekommen, wie wir den nächsten Schritt machen können. Auf all diesen Reisen erleben wir manchmal auch Dinge, die uns am Ende des Tages ein wenig über uns hinauswachsen lassen – auch als Team. Nämlich dann, wenn es darum geht zu lernen, sich nicht zu vergleichen. Obwohl wir natürlich Vorbilder brauchen und ganz viel profitieren können von Hundeführern und ihren Hunden, die sehr viel und sehr intensiv arbeiten, ist es trotzdem ein schmaler Grat, bei den eigenen Möglichkeiten, dem eigenen Bedarf und auch den eigenen Fähigkeiten zu bleiben und sich hier nicht unter Druck setzen zu lassen. Manchmal ist es sogar ein sehr schmaler Grat zwischen dem Mitmachen bei anderen und der guten Einschätzung, ob das dem eigenen Vorwärtskommen nun wirklich dienlich ist.

In diesem Buch wollen wir euch ein wenig mitnehmen auf diese kleine Reise, die den einen oder anderen Aspekt auch für dich als Mensch zur Verfügung stellt. Außerdem zeigt es, wie es manchmal gehen kann, wenn Probleme auftauchen und das Training eben nicht so läuft, wie es in der Anleitung stand oder wie du es bei anderen gesehen hast und es funktionierte. Es thematisiert, was du tun kannst und welche Möglichkeiten du hast. Vor allem eines ist uns ganz wichtig: Bleib am Ende dieses Buches bei dir selbst und hab Freude mit deinem Hund. Es ist egal, ob du viel erreichen möchtest oder Dummy-Training einfach eine tolle Bereicherung für euren Alltag sein soll. Es geht darum, dass du verstehst, was für euch wirklich wichtig ist und du dir die Aspekte herausziehst, die dir weiterhelfen, ein besserer Trainer während der trainingsfreien Zeit für deinen Hund zu sein.

Dummy-Training macht vor allem eines: richtig viel Spaß! (Foto: Thore Brockhoff, 202.de)

Videos

Scanne den QR-Code mit deinem Handy und gelange zur Übersicht aller im Buch enthaltenen Videos. →

Alternativ kannst auch folgenden Link nutzen: https://mein.mueller-rueschlikon.de/42325/

Warum Dummy-Training?

Dummy-Training verbindet. Ich bin mir sehr sicher, dass insbesondere die Beziehung zueinander, die gemeinschaftlichen Tätigkeiten, der Sozialpartner und der Freund, den wir in unseren Vierbeinern finden, etwas ist, was uns Menschen in unserem Leben sehr bereichert. Sicher gibt es verschiedenste Charaktere, und wir Menschen suchen uns oft den Hund aus, der in unser Leben gut hineinpasst. Dennoch ist es so, dass wir unseren domestizierten Freund, den Haushund, in eine Welt hineinbringen, in der er sich menschlichen Gegebenheiten sehr stark anpassen muss. Wir erwarten, dass er stets der freundliche Begleiter ist, der nicht auffällt. Wir möchten einen Hund, der durch unser enges Zusammenleben in den Industrieländern auf der einen Seite sehr tolerant anderen Menschen und Hunden gegenüber ist; auf der anderen Seite Wachhund und sportlichen Begleiter sein soll. Dazu ist er beispielsweise noch Jagdgehilfe.

So vielseitig diese Anforderungen an die Hunde sind, so gleich sind ihnen doch – mehr oder weniger stark ausgeprägt –

← Was als harmloses Hobby beginnt, weckt oft schnell große Begeisterung bei Mensch und Hund. (Foto: Thore Brockhoff, 202.de)

verschiedenste Eigenschaften geblieben. Da ist beispielsweise natürlich die Bewegungsfreude oder die Möglichkeit, mit der Nase Dinge wahrzunehmen – eine Fähigkeit, die sie uns Menschen weit voraus haben. Wissenschaftler versuchen, sich ein Bild zu machen, wie konkret unser Hund mit Nase, Augen und Ohren alles mitbekommt, wie er es schafft, im tiefsten Galopp durch ein unwegsames Gelände unverletzt seinen Weg zu machen, wie er es schafft, geringste Moleküle und Duftgemische wahrzunehmen und aufzuspüren, die für unsere Nase überhaupt nicht relevant sind, und wir uns diese Eigenschaften schließlich auch auf verschiedenste Art und Weise zunutze machen. Und so wie wir sie uns gerne zunutze machen an Stellen, die wir brauchen, so ist es auch in gewisser Weise unsere Aufgabe und sicher auch ein großer Teil dieser Freundschaft, unserem vierbeinigen Freund diese Möglichkeit zu geben, sich in einer moderaten Art und Weise dieser Tätigkeiten auch bedienen zu dürfen.

Überall, wo wir mit vielen Menschen aufeinandertreffen, gibt es eben nicht einfach so die Möglichkeit, einer freien Jagd zu folgen oder sich völlig ohne Regeln und Grenzen auszuleben. Und das ist sicher auch gar nicht das Ziel. So ist es nicht weit hergeholt, dass dieses unterschiedliche Interessensgefüge, das wir Menschen im Gegensatz zu unseren Vierbeinern nun einmal hegen, auch für ein zufriedenes Miteinander in einer gewissen Waage gehalten werden darf. Sicherlich gibt es auch Vierbeiner, die sehr froh damit sind, „nur" der Begleiter im alltäglichen Leben zu sein. Diese Eigenschaften aber, die viele Hunde besitzen – dass sie sich gerne bewegen, **dass sie einen Körper für wirk-**

Hunde legen problemlos längere Entfernungen zurück. Bei einigen ist die Bewegungsfreude mehr, bei anderen weniger stark ausgeprägt. (Foto: Thore Brockhoff, 202.de)

liche Leistungen besitzen, dass sie sich gerne laufend, springend und ausdauernd fortbewegen – dies ist vielen dieser vierbeinigen Freunde geblieben. Wo ist es heute noch möglich, dass sie diese Fertigkeiten ausleben dürfen und damit auch einen sinnvollen Zweck verfolgen?

Dummy-Training ist eine sehr schöne Möglichkeit, unseren Vierbeinern beizubringen, **dass es sinnvoll sein kann, auf den Menschen zu achten**. Sie dürfen hier gemeinsam mit uns ihrer Nase und ihrem Bewegungsdrang nachgehen – das ist eine große Bereicherung für das gemeinsame Leben mit den Menschen. Wir können unserem Hund aufgrund seiner Beuteerwartung eine Möglichkeit in Aussicht stellen zu arbeiten. Bevor unser Hund arbeiten darf, etablieren wir gewisse Regeln und fordern diese ein. Wir geben ihm dann die Möglichkeit, seine Nase einzusetzen und ein wenig die verschiedenen Fähigkeiten, die ihm als vom Jagdraubtier abstammendes Wesen innewohnen, auszuleben: darunter **das Sichten, Verfolgen, Aufspüren und schließlich auch das Packen von Beute**. Nun können wir nicht einfach das Thema Jagdersatz gleichsetzen mit Dummy-Arbeit, aber wir geben unserem Vierbeiner durch die Arbeit die Möglichkeit, verschiedene Jagdsequenzen ausleben zu dürfen – stets in Kombination und Kooperation mit dem Menschen und eben nach ein paar Spielregeln.

Diese sind, dem Hund gut erklärt, dann auch sehr dienlich in unserem Alltag. Ein Hund, der gelernt hat, dass es trotz verschiedener aufregender Umstände jetzt gerade sinnvoller wäre sitzenzubleiben und zu warten, ist im Alltag wesentlich besser zu handeln. Der Hund lernt vielleicht sogar, sich abrufen zu lassen, obwohl gerade etwas super Spannendes

(Foto: Thore Brockhoff, 202.de)

(Foto: Thore Brockhoff, 202.de)

passiert ist – all das sind nur kleine Beispiele. Hier wird deutlich, wie ganz banaler Gehorsam, der im Dummy-Training eine Rolle spielt, uns in anderen Situationen des Zusammenlebens mit unserem Hund zugutekommen kann. **Dummy-Training ist also auch ein gutes Mittel, um Gehorsam einzustudieren.** Und es gibt noch so viele weitere Punkte, die diese Art der Beschäftigung mit Hunden so wahnsinnig reizvoll machen.

Wir lernen zum Beispiel ausgesprochen gut, unseren Hund zu beobachten. Wie sieht er aus, wenn er Beute wahrgenommen hat? Auf welchem Erregungsniveau befindet er sich gerade? Sehen wir, wohin seine Aufmerksamkeit gerichtet ist? Ist es gerade gut, ihn jetzt arbeiten zu lassen? Was wird er machen, wenn er einen Beutegegenstand gefunden hat? Ist er auf direktem Wege wieder zu mir unterwegs? Hat er mitbekommen, dass ein Dummy gefallen ist? Es gibt noch so viel mehr Dinge, die wir zu interpretieren lernen, uns schnell ein Bild vom Hund zu machen und es für unsere Ziele nutzen zu können.

Dummy-Training ist zudem ein toller Begleiter für uns Hundebesitzer, um den Hund auszulasten. **Wir geben ihm die Möglichkeit, seinen Bedürfnissen unter kontrollierten Bedingungen nachzugehen.** Wie wir alle wissen, ist insbesondere die Zeit – und zwar nicht unbedingt die Länge der Zeit, sondern vor allem die Qualität der Zeit, die wir mit unseren Hunden teilen – ein großer Bestandteil davon, eine sichere, interessante, einfach richtig gute Beziehung zu unserem Hund aufzubauen. Bedürfnisse zu erkennen, diese gemeinsam zu stillen und zu kooperieren, ist nicht nur Grundlage für Training, sondern auch wesentlicher Bestandteil einer Bindung zu unserem Hund. Dummy-Arbeit ist somit auch in dieser Hinsicht förderlich.

Woher kommt Dummy-Training?

Dummy-Training kommt klassischerweise aus der jagdlichen Arbeit mit Hunden, genauer aus der jagdlichen Arbeit mit Retrievern (und oft auch Spaniels). Spaniels arbeiten dabei meist auch **vor dem Schuss** (Buschieren), Retriever sind die klassischen Arbeiter **nach dem Schuss** (Apportieren). Um die Jagdhunde auf ihren Einsatz vorzubereiten, werden gerne Dummys genutzt. Mit der Zeit entwickelte sich – auch abseits des jagdlichen Geschehens – eine Begeisterung für die Arbeit mit dem Dummy. Es etablierte sich als eine Art „Hundesport". **Vorsicht:** Der Begriff des Dummy-Trainings als Hundesport wird in jagdlichen Kreisen nicht gerne genutzt – hier wird eher von der Dummy-ARBEIT gesprochen als vom Dummy-SPORT. Das liegt daran, dass Dummy-Training grundsätzlich und in erster Linie die Hunde nach wie vor auf ihren jagdlichen Einsatz vorbereiten soll. Genau deshalb ist es auch wichtig, dass du dich ein wenig mit den Jagdarten auseinandersetzt.

← Eigentlich dient der Dummy als Wild-Ersatz zum Training für die Jagd auf Niederwild. (Foto: Thore Brockhoff, 202.de)

DUMMY-TRAINING UND ZUGRUNDELIEGENDE REGELN

Beim Dummy-Training gilt es, gewisse Regeln zu beachten, die auf den Einsatz des Hundes bei Jagden zurückgehen. Daher kommt es auch, dass gewisse Dinge bei der Arbeit mit Dummys – insbesondere auf Prüfungen – erwünscht oder unerwünscht sind. Hier kommen einige Beispiele.

- Der Hund soll das Dummy nicht knautschen (darauf herumkauen), denn das Wildbret der apportierten Ente oder des Fasans (also das Fleisch, das wir noch essen möchten) soll nicht entwertet werden.

- Der Hund soll beim Voranschicken eine möglichst gerade Linie gehen und grundsätzlich nicht zu viel „Gelände verbrauchen", um Wild nicht zu stören bzw. Wild nicht unnötig zu beunruhigen, damit es später gezielt hochgemacht und erlegt werden kann.

- Der Hund soll beim Apport aus dem Wasser den Dummy nicht ablegen und sich schütteln, sondern ihn in die Hand abgeben. Gehen wir davon aus, dass der Hund bei der Jagd eine geflügelte Ente apportiert (die nur am Flügel getroffen wurde), würde diese beim Ablegen in die Dickung flüchten.

(Foto: Thore Brockhoff, 202.de)

DER JAGDLICHE EINSATZ

Dummy-Training wird von der Arbeit mit Hunden, die auf der Niederwildjagd auf Treibjagden in der Jagdsaison geführt werden, hergeleitet. Der Ursprung der Dummy-Arbeit liegt eher in Großbritannien, der Ursprungsheimat der Retriever-Rassen. Dort werden Retriever – unabhängig davon, ob es sich um Golden, Labrador oder Flat Coated handelt – sehr gerne mit zur Niederwildjagd genommen. Welche klassischen Wildarten gibt es dort? Insbesondere Rebhühner, Fasane und je nach Landstrich auch Gänse, Enten und ein paar Schnepfen. Es wird auch auf Hasen gejagt, doch in erster Linie haben wir dort die Form der Treibjagden auf Federwild im Feld. Das kannst du dir folgendermaßen vorstellen: Wir haben eine Reihe von Schützen, die gemeinsam mit ihren Hunden am Bein, also bei Fuß, in einer gewissen Ordnung Felder, Wiesen und Landstriche durchschreiten und damit das Wild beunruhigen, das aufsteigt und dann erlegt wird. Haben wir nun Wild, das aus dieser Kette von Treibern und Schützen herausgeschossen wurde, so darf es von den Hunden gesucht und apportiert werden.

Lange Zeit Fuß laufen, dann auf Signal hin flott weite Strecken zurücklegen und Wild apportieren – die Hauptaufgabe des Retrievers. (Foto: Thore Brockhoff, 202.de)

Meist sind auf der Jagd auch Spaniels dabei, die dafür sorgen, dass das Wild „aufsteht“ und erlegt werden kann. (Foto: Thore Brockhoff, 202.de)

WARUM RICHTUNGS-ANWEISUNGEN WICHTIG SIND

Die Laufrichtung ist oft auch die Richtung, in die geschossen wird. Der Hund wird also in eine Fläche hineingelassen, durch die man auch danach noch weitergehen möchte und in der man sicherlich auch weiteres Wild auffindet, welches noch bejagt werden will und nicht gestört werden darf. Das bedeutet also, dass der Hund die Fallstelle des beschossenen Stücks zügig, auf direktem Wege auffinden und ausarbeiten soll. Dabei ist eine gewisse Zielstrebigkeit, aber auch eine Lenkbarkeit von Nöten, sowie ein Verbleiben des Hundes in dem vorgegebenen Fallbereich. Es sind viele Fertigkeiten, die von den Hunden in dieser Jagdvariante gefordert werden, vorneweg die sogenannte Steadiness und Fußarbeit, denn die Hunde werden in der Regel die ganze Zeit über während der Jagd frei und ohne Leine geführt.

Gegebenenfalls sind noch Spaniels mit an der Arbeit beteiligt. Das heißt, während die Retriever neben dem Schützen – oder auch neben Menschen, die nur zum „Pickung up“ mitgehen (deren Hunde geschossenes Wild aufsammeln, sie aber nicht selbst „jagen“) – am Bein laufen, kann es sein, dass Spaniels für ein bisschen Beunruhigung des Geländes sorgen. Sie rennen mit tiefer Nase vor der Schützenlinie auf und ab und drücken Wild aus der Dickung. Somit muss für die Retriever zudem eine gewisse Ruhe am Bein und Widerstehen dieses Reizes gegeben sein, um dann immer noch lenkbar die Apporte durchführen zu können.

Video 1

Im Video siehst du einige Sequenzen einer Vogeljagd in Schottland. Die Hunde bereiteten sich dort auf die IGL Retriever Championships vor. →

In der Regel werden beim Dummy-Training Standard-Canvas-Dummys verwendet. Enten-Dummys und Co. Sorgen ab und an für mehr Spaß und Abwechslung. (Foto: Thore Brockhoff, 202.de)

HIER KOMMT DER DUMMY INS SPIEL

All diese Fähigkeiten hat ein Hund natürlich nicht von Geburt an, es gibt eine Notwendigkeit, den Hund entsprechend dafür zu trainieren. Das ist ein Grund, weswegen mit Dummy-Training begonnen wurde: um dem Hund Fertigkeiten beizubringen und außerhalb der Jagd erklären zu können, was seine Aufgabe ist. Mit dem Dummy kann ich den Hund Übungen häufig wiederholen lassen, damit er gezielt darin Routine bekommt, wofür ich ihn auf der Jagd brauche. Ich kann den Hund immer wieder apportieren lassen, ohne dafür unnötig Tiere einzusetzen. Das ist auch aus jagdethischen Gründen ein Vorteil.

Nun ist ein Grund des Trainings, den jungen Hund überhaupt auf die Jagd vorzubereiten. Aber selbstverständlich lernt ein Hund mit zunehmendem Alter auch wichtige Dinge hinzu. Die Jagd auf Niederwild erfolgt immer nur in einem sehr eng gesetzten zeitlichen Rahmen. Das bedeutet eine Zeitspanne von – je nach Wildart – September bis maximal Januar, in der der Hund zum jagdlichen Einsatz mit unterwegs ist. Den Rest des Jahres will und wollte man den Hund mittels Training natürlich fit halten, um in der nächsten Saison wieder die bis dahin verbesserten Fertigkeiten abrufen zu können. Aus diesem Grund wurde nach und nach die Trainingsmöglichkeit mit dem Dummy entdeckt, genutzt und immer weiter ausgebaut.

SPORT VS. JAGD

Da die Arbeit mit Dummys vielen Hunden und auch Menschen sehr viel Spaß macht (auch Teams, die mit der Jagd gar nichts am Hut haben), ergibt es nur Sinn, dass daraus eine Liebhaberschaft erwuchs. Mittlerweile ist es fast an jedem Wochenende möglich, an den unterschiedlichsten Orten **Workingtests** und **Mock Trials** zu laufen. In Großbritannien sind diese Prüfungen in Vorbereitung auf die **Field Trial**-Saison eine Art Nationalsport geworden und nehmen dort einen sehr großen Stellenwert ein. Gerade in Deutschland ist die Dummy-Szene eine sehr sportliche geworden. Häufig wird das, was der Sport – verglichen mit dem jagdlichen Einsatz – von den Hunden abverlangt, kontrovers diskutiert. Die Aufgaben in Prüfungen und Workingtests seien teilweise „nicht mehr jagdnah", manchmal wird von „Zirkusnummern" gesprochen und davon, dass der eigentliche Einsatz-Zweck der Hunde vergessen werde.

Durch die Herleitung aus der jagdlichen Verwendung sollte uns klar sein, dass für einen Jagdhund selbstverständlich ein paar Punkte immer Bestand haben werden: zum Beispiel, dass er seine Nase einsetzt und je nach Aufgabe auch mal eigenmächtige Entscheidungen treffen darf und auch muss, zudem, dass es wirklich um das Team, um das gemeinsame Lösen von Aufgaben geht. Dabei sollen die Sinne des Hundes, die wir uns als Menschen für die Jagd zunutze gemacht haben, bestmöglich eingesetzt werden. Wir sind gemeinsam auf der Jagd. Der Jagdhund ist in diesem Kontext unser Helfer. Diese Aufgabe sollten wir auch im Dummy-Training bewahren!

Dennoch hat auch der sportliche Charakter des Dummy-Trainings seinen Reiz. Er hat viele Trainingsvarianten hervorgebracht, die immer bessere, leichtere und schnellere Ergebnisse erzielen lassen. Wichtig dabei ist zu erkennen, dass wir nicht einfach nur Aufgaben abhaken und den Hund dabei bis auf das exakte Detail eingrenzen und kontrollieren. Es geht darum, den sportlichen Charakter zu sehen, dessen Vorteile schätzen zu lernen, dabei die jagdliche Ausrichtung und die Herleitung dieser Arbeit nicht zu vergessen und somit im Training zu berücksichtigen.

Workingtest: Ein Workingtest ist eine Dummy-Prüfung, bei der du die Aufgaben vorab nicht kennst. Du gehst von Station zu Station, wobei dir an jeder vom jeweiligen Richter eine Aufgabe gestellt wird, die es für dich und deinen Hund gemeinsam zu lösen gilt.

Field Trial: Ein Field Trial ist eine echte Jagd auf Niederwild, die aber auf das Prüfen der Hunde ausgelegt ist. Es gibt sie als „Walk Up" mit allen in einer Linie (Streife), oder als „Driven Shoot". Hier werden die Hunde an einem Standpunkt platziert und es wird sich nicht gemeinsam vorwärts bewegt (Standtreiben). Auch eine Kombination von beidem ist möglich.

Mock Trial: Der Mock Trial versucht den Field Trial so gut es geht zu immitieren, es findet aber keine echte Jagd statt und anstelle von Wild kommen Dummys (auch Fell- und Enten-Dummys) zum Einsatz.

Nutze deine Pfeife, um deinem Hund zu helfen, nicht um seinen Job zu übernehmen!

Du und dein Hund, ihr seid ein Team! Du führst deinen Hund, soweit es nötig ist, und gibst ihm aber auch die Möglichkeit, nach bestem Wissen und Gewissen das auszuführen, was er am besten kann. Hast du ihn einmal zum Dummy geschickt, ist ER da draußen und hat ein viel besseres Bild von der Situation vor Ort und vor allem: Er hat die bessere Nase! Manche Hundeführer sind echte Kontroll-Freaks, die ihrem Hund keinen Millimeter Freiraum geben. Ja, manche Hunde dürfen von Grund auf mehr Freiheiten haben als andere, weil sie führiger sind, andere sind von Grund auf eher selbstständig mit eigenen Ideen und benötigen mehr Führung, ganz klar. Und doch: Als Team hat jeder von euch beiden seine Expertise und sollte diese auch ausführen können dürfen. Ich möchte keinen Kadaver-Gehorsam bei meinem Hund! Ich möchte, dass er mitdenkt, dass er markieren kann, dass er seine Nase gezielt einzusetzen weiß und dass wir ganz und gar als Team agieren. Ich unterstütze meinen Hund, wo ich nur kann - den Dummy finden muss aber mein Hund.

(Foto: Beate Schmahl)

Nur für Retriever?

RASSEEIGNUNG

Denken wir nun an Dummy-Training, haben wir ganz schnell den Retriever im Kopf. Davon gibt es immerhin schon mal sechs verschiedene. Aber ist Dummy-Training wirklich nur etwas für Retriever? Natürlich ist der Retriever – wie der Name schon sagt (to retrieve aus dem Englischen = bringen) – auf die Arbeit des Apportierens spezialisiert. Die Zucht hat sich bei diesen Hunden auf die Förderung der Eigenschaften konzentriert, die für die Arbeit nach dem Schuss dienlich sind. In der Regel fallen den Retriever-Rassen also viele Elemente der Dummy-Arbeit leichter als anderen Rassen (in der Regel (!), denn es gibt auch genügend Retriever, die im Bringen oder Zutragen nur sehr wenig Sinn sehen).

Schauen wir uns andere Rassen an, so finden wir darunter einige, deren Zweck ebenfalls das Apportieren beinhaltet

← Zahlreiche Hunde(rassen) lassen sich für die Dummy-Arbeit begeistern. Riesenschnauzer Hündin Nala hat sichtbar Freude daran. (Foto: Thore Brockhoff, 202.de)

(oder das zumindest früher tat). Nennen können wir hier zum Beispiel Pudel, Lagotto, viele Jagdhunderassen wie Münsterländer, Vizsla, Spaniel und co., aber auch Gebrauchshunde wie Schäferhund oder Schnauzer. Grundsätzlich bringen also sehr viele Rassen eine gewisse Apportierfreude mit und auch einige Vertreter von ganz anderen Rassen haben sehr viel Freude an der Dummy-Arbeit. Wir hatten schon von der Französischen Bulldogge über den Appenzeller hin zum Whippet alles mit dabei.

(Foto: Thore Brockhoff, 202.de)

(Foto: Thore Brockhoff, 202.de)

DIE SACHE MIT DEN PRÜFUNGEN

Besprechen wir gleich zu Beginn ein paar Punkte, die uns immer im Wege stehen. Es gibt verschiedene Vereine, die Prüfungen für das Apportieren anbieten. Das sind zum einen die Retriever-Vereine, aber beispielsweise bietet auch der BHV Dummy-Prüfungen an. Nun muss ich mit keinem Hund in eine Prüfung gehen. Wenn ich mich aber mit dem Thema Apportieren und Dummy-Training auseinandersetze, komme ich vielleicht in Bezug auf die Wahl der Hunderasse nicht darum herum zu sehen, dass ich mit einem Retriever alle Möglichkeiten offen habe. Ich kann mit ihm auf allen Prüfungen starten, sofern der Hund Papiere von VDH (bzw. FCI) hat. Nicht alle Prüfungen sind für alle Hunde offen, hier gibt es bestimmte Kriterien, die vorgeben, wann ich mit einem Hund wo starten kann.

Nun muss ich ein bisschen unterscheiden, inwiefern oder inwieweit ich das Ganze intensiv, vielleicht auch mit Prüfungsambitionen, betreiben möchte. Es gibt viele Faktoren, die eine Rolle dafür spielen, wie weit Apportieren und Dummy-Training mit dem Hund gehen kann.

»Apportieren an sich, also einen Gegenstand zu Herrchen und Frauchen zurückbringen, das können unglaublich viele Hunde, unabhängig von ihrem Gesundheitszustand, ihrer Rassezugehörigkeit oder sonstigen Umständen, erlernen.«

← Klein, aber oho! Terrier-Mix Lea ist mit Feuereifer dabei. (Foto: Thore Brockhoff, 202.de)

Will ich aber einen Hund, der auf weite Entfernung mit mir kooperiert, der auf alles, was ich ihm auf die Distanz sage, reagiert? Möchte ich einen Hund, der seine Nase einsetzt wie ein Jagdhund? Möchte ich, dass ich einen Hund habe, der auf Knopfdruck zwar „Feuer frei" nach draußen rennen kann, den Rest der Zeit aber in der Lage ist, ruhig abzuwarten, was als nächstes passiert, vielleicht sogar eine Stunde nichts tut, bevor er dann Vollgas geben darf? Alles Dinge, die ich für die Dummy-Arbeit brauche.

WAS KANN MEIN HUND LEISTEN UND WAS NICHT

So wird uns schnell klar, dass ich ohne Abstriche erst einmal relativ wenige Hunde habe, die das erfüllen können. Wir möchten in keiner Weise werten, was gut und was schlecht ist. Unser Ziel ist es vielmehr, dafür zu sensibilisieren, welche Herausforderungen ein Hund auf einem sehr hohen Niveau zu meistern hat und dass dieser gegebenenfalls auch ein paar Anlagen mitbringen sollte, die uns das Training zu diesem Ziel erleichtern. Haben wir nicht diese ultimativ hohen Ziele, so ist es erst einmal völlig egal, welchen Hund ich an der Leine habe.

Hütehund-Rassen können grandiose Dummy-Hunde werden. (Foto: Thore Brockhoff, 202.de)

Sicherlich gibt es gewisse unveränderbare Einschränkungen, beispielsweise in der Körpergröße. Habe ich einen kleinen Hund, kann es in sehr unwegsamem Gelände (je nach Geländegängigkeit) schwierig für den Hund werden, zusätzlich Beutefang zu meistern. Habe ich vielleicht jedoch nur vor, in einer für den Hund angenehmen Umgebung Dummy-Training zu machen, und ist es mir auch nicht so wichtig, was er apportiert - also darf er auch kleinere Dummys apportieren - dann kann ich das Training ebenso mit einem sehr kleinen Hund durchführen.

Für die weiteren Entfernungen, die schwereren Dummys, die starke Ausdauer und die etwas schwerere körperliche Leistung brauche ich körperlich robuste Hunde, die auch bereit sind, in etwas unwegsameres Gelände hineinzugehen. Sehr häufig sind es die verschiedenen Jagdhunderassen, die mit der Dummy-Arbeit eine wunderbare Beschäftigung finden. Übrigens profitieren auch Jagdhunde im jagdlichen Einsatz sehr von der Arbeit mit Dummys!

Und auch wenn sie nicht im jagdlichen Einsatz stehen und wenn ihre Art des Jagens nicht auf die 100-prozentige Kooperation mit dem Menschen ausgerichtet ist, können sie dennoch unheimlich viele wertvolle Dinge beim Dummy-Training lernen. In gewissen Punkten müssen vielleicht Abstriche gemacht werden, weil sie die Kooperationsfähigkeit (den „will to please") nicht so innehaben wie ein Retriever, dennoch können wir tolle Erfolge erzielen.

JEDER KANN, KEINER MUSS!

Es ist nie die Frage, ob ich mit meinem Hund das Apportieren lernen kann. Lernen kann es jeder und die meisten haben auch großen Spaß daran, wenn der Groschen einmal gefallen ist. Und dennoch gibt es Hunde (und Menschen), die daran keine Freude haben; Hunde, die auch körperlich nicht so gebaut sind, dass sie wirklich Spaß an einer sehr intensiven, langen und ausdauernden, vielleicht auch manchmal flotten Bewegung haben; oder

← Nicht jeder Hund schafft jeden Dummy, jede Distanz und jede Schwierigkeit. Und das muss er auch nicht! (Foto: Thore Brockhoff, 202.de)

Hunde, die keinen Sinn darin sehen, drei Mal zur gleichen Stelle zu laufen, weil dort so ein grüner Sandsack hingeworfen wird. Für solche Hunde gibt es sicherlich andere Lebensinhalte, als Dummy-Arbeit zu betreiben.

Haben wir aber Hunde, die grundsätzlich gerne mit uns kooperieren und bereit sind, Dinge in den Fang zu nehmen, dann ist Dummy-Arbeit sicherlich eine gute Wahl. Es ist dabei immer nur die Frage, welche Ziele ich mir mit diesem Hund wirklich stecken darf. Was ist dem Hund gegenüber fair? Was kann ich abverlangen? Bis wohin darf ich gehen? Was ist körperlich für den Hund machbar?

Passt alles vom Gelände her, vom Anspruch, von den Apportier-Gegenständen selbst, drücke ich vielleicht beim Training selbst auch das ein oder andere Auge zu? Nicht jeder Hund ist von Haus aus still, wenn er warten muss – es ist aber eine wichtige Eigenschaft, wenn du auf Prüfungen gehen möchtest. Viele Hunde haben aufgrund ihrer Erwartungshaltung die Neigung dazu, entsprechende Dinge verbal zu kommentieren. Dies ist nicht unbedingt nur in der Erwartungshaltung, sondern weil es von ihnen vielleicht auch züchterisch gewünscht ist, bei entsprechender Erregungslage einen Laut von sich zu geben, wie dies beispielsweise bei spur- oder sichtlauten Jagdhunden der Fall ist. Dass ich mit ihnen Apportieren über verschiedenste Distanzen, in den verschiedensten Schwierigkeitsstufen, sehr gut hinbekommen kann, ist gar nicht die Frage. Manchmal ist jedoch viel mehr zu beachten, ob sie zwischendurch ruhig sein können und ob ich mir dieses Ziel überhaupt setzen muss.

Ich kann einem Border-Collie genauso gut beibringen, auf mich zu achten, mit dem oder jenem Handeln zum Erfolg zu kommen, Dinge in den Fang zu nehmen. Hütehunde, Schäferhunde, Jagdhunde, alle Hunde, die mit uns als Mensch gerne kooperieren, sind eigentlich wunderbar für den Bereich der Dummy-Arbeit zu begeistern. Auch für sie kann es eine tolle Auslastung sein, die sowohl Körper als auch Geist entsprechend fordert.

»Es ist nie die Frage, ob wir das mit den Hunden machen können, sondern es ist immer die Frage: Welches Maß passt zu diesem Hund und was ist fair, ihm abzuverlangen?«

Dummy-Training gleich Anti-Jagd-Training?

WAS STÖRT UNS EIGENTLICH AM JAGDVERHALTEN?

Haben wir einen Hund mit ausgeprägtem Jagdverhalten, gibt es verschiedene Wege, dieses Jagdverhalten zu kanalisieren und auch ein Stück weit zu unterbinden. Schauen wir einmal darauf, was alles zum Jagdverhalten gehört, so ist es ja nicht einfach nur das Hinterherrennen und Verfolgen einer Beute, sondern auch schon das gegebenenfalls ungerichtete Stöbern, das ungerichtete Suchen nach einem auslösenden Reiz oder vielleicht auch schon Buddeln und Ähnliches.

Nun dürfen wir uns sicherlich die Frage stellen, welche dieser Verhaltensweisen für die Umwelt und zwar für die Umwelt anderer Mitbewohner – also den Menschen und Hunden, die wir auf unserem Weg in der freien Natur treffen – nicht kompatibel ist? Und welche sind auch in keiner Weise aus ethischen Gründen den wild lebenden Tieren gegenüber zu tolerieren? Buddeln oder vielleicht einmal

← Manche mehr, manche weniger ... eine grundsätzliche Motivation zur Jagd haben unsere Hunde als Beutegreifer alle! (Foto: Thore Brockhoff, 202.de)

ein Mäuschen suchen ist sicherlich keine Verhaltensweise, die wir fördern möchten. Buddellöcher können für ein hohes Verletzungsrisiko sorgen. Und es hat noch ganz andere Ausmaße, wenn ein Hund unkontrolliert Wild sucht, aufstöbert, durch das Revier scheucht, über Straßen hinaus, und eine große Gefahr für viele Beteiligte darstellt.

WAS IST ANTI-JAGD-TRAINING?

Wozu all diese Überlegung? Eigentlich gibt es nichts, was wir wirklich als Anti-Jagd-Training bezeichnen können. Selbst wenn wir es schaffen, über Management, Gehorsam und eine andersartige sachgerechte Auslastung des Hundes eine Verbesserung der Situation zu erreichen und somit auch einen unkontrollierten Jagderfolg beim Hund zu verhindern wissen, ist die Verhaltensweise dennoch weiter im Hund verankert.

Dazu gehören verschiedene Aspekte, unter anderem:

- **Gehorsam** – der Hund soll wichtige Signale sicher ausführen können, darunter „Hier", „Sitz" oder „Stop" und „Fuß". Kann der Hund diese Signale sicher und auch unter großer Ablenkung ausführen, ist bereits viel gewonnen. Auch eine antrainierte Wegtreue ist im Alltag sehr sinnvoll.

- **Impulskontrolle** – der Hund soll es schaffen, nicht jedem Reiz sofort zu folgen, sondern auch bei spannenden (Jagd-)Reizen die Ruhe zu bewahren und abzuwarten.

- **Auslastung** – ein kontrolliertes Ausleben der Jagd durch eine zum Hund passende Ersatzbefriedigung. Nicht alle Hunde lassen sich gleich leicht umleiten und ziehen dennoch die Rehfährte dem Dummy-Geruch oder der Mantrailing-Spur vor. Trotzdem ist eine Umlenkung sinnvoll und hilfreich – es lohnt sich dranzubleiben, Gehorsam und Gelassenheit am Wild zu stärken und Alternativen anzubieten.

»Lediglich unser Umgang mit Jagdverhalten, gegebenenfalls auch die Kooperation des Hundes in unsere Richtung und die Ansprechbarkeit des Hundes in der freien Natur, sind Dinge, die wir mit einem solchen Anti-Jagd-Training trainieren.«

»Eines sollten wir uns bei einem hoch jagdlich motivierten Hund immer vor Augen führen: WIR möchten einen entspannten gemeinsamen Spaziergang, DER HUND möchte auf die Jagd gehen. Das macht er entweder mit oder ohne uns. Beim Dummy-Training können wir gemeinsam mit unserem Hund auf die Jagd gehen – auf die Jagd nach Dummys!«

(Foto: Thore Brockhoff / 202.de)

DIE RICHTIGE AUSLASTUNG

Eine passende Auslastung kanalisiert nicht nur Jagdverhalten, es optimiert auch die Mensch-Hund-Beziehung. Die Möglichkeiten sind zahlreich: vom Mantrailing über die Zielobjektsuche, die Fährtenarbeit oder Scent Detection – alle nutzen selbstbelohnende Elemente der Jagdverhaltenskette, umgeleitet auf einen alternativen Zielgeruch. Auch Dummy-Training ist eine wunderbare Möglichkeit, um dem jagdlich orientierten Hund eine gezielte Aufgabe und Beschäftigung zu bieten – wir behaupten es ist sogar die abwechslungsreichste und spannendste Alternative. Mit dieser gezielten Aufgabe und Beschäftigung kann sich der Hund sowohl körperlich als auch mit seiner Na-

Video 2

Im Video arbeiten wir mit einem sogenannten „Running Rabbit" – eine Hasen-Attrappe, die als Ablenkung dienen soll. Trotz des spannenden Bewegungs-Reizes soll der Hund sich auf seine Aufgabe konzentrieren. →

Wildgatter-Training

Dazu noch ein kurzer Exkurs: Es gibt jede Menge Programme, die den Hund an eingezäuntes und eingepferchtes Wild gewöhnen sollen. Das sind zu Trainingszwecken gute Ansätze, jedoch müssen wir uns vor Augen führen, dass der Hund ein intelligentes Lebewesen ist. Es kann durch den regelmäßigen Kontakt mit Wild (auch hinter dem Gatter) lernen, einem Reiz standzuhalten. Dennoch ist einem Hund ebenso völlig klar, dass ein Zaun vor diesem Wild ist und er nicht herankommen können wird. Somit wird der Hund in solchen gestellten Situationen – auch weil das Wild mit keinem natürlichen Fluchtreflex reagiert und es in der Regel Menschen und Tiere in diesem Rahmen gewohnt ist – keine natürliche Reaktion darauf zeigen.

Auch im Dummy-Training geben wir uns unglaublich viel Mühe, den Hund mit Ablenkung zu konfrontieren: zum Beispiel mit einem Hasen-Flitzedummy. Das ist mit Sicherheit für die ersten Male ein sehr spannender Reiz für den Hund, aber spätestens wenn er verstanden hat, dass es sich dabei nicht um einen wirklichen Hasen handelt, sinkt die Erregungslage.

Trotzdem sind diese Trainings-Methoden natürlich sinnvoll, denn anhand dieser können wir einen hohen Reiz setzen, um Situationen kontrolliert zu üben und ablaufen zu lassen und die Ablenkung für meine Übung immer weiter zu erhöhen. Aber wir müssen realistisch bleiben: Wir werden nie etwas finden, was den genau gleichen Reiz beim Hund auslöst wie ein lebendiges, frei lebendes Stück Wild!

»Mit Dummy-Training haben wir also also eine Beschäftigungsmöglichkeit, die die Sinne des Hundes zum einen auf natürliche Art und Weise anspricht und er seinen Bedürfnissen in einer sehr kontrollierten Art und Weise nachgehen darf.«

senleistung ausleben. Und durch die Steigerung der Schwierigkeitsgrade kann er sich dabei geistig und körperlich auslasten.

Somit haben wir hier eine Möglichkeit, einem Hund, der in dieser Richtung orientiert und interessiert ist, einen guten Kanal bieten zu können. Über Beschäftigung und Auslastung bei der Dummy-Arbeit wird die Motivation des Hundes, sich eigenständig Beute zu suchen (sprich einfach selbstständig in einen Jagdmodus zu verfallen, weil dem Hund beispielsweise permanent langweilig ist und er keine Ansprache findet) minimiert.

Hunden mit einer großen Jagdmotivation KANN Dummy-Training zu mehr Kontrollierbarkeit und Zufriedenheit verhelfen. (Foto: Thore Brockhoff, 202.de)

(Foto: Thore Brockhoff, 202.de)

DIE JAGDVERHALTENSKETTE UND DUMMY-TRAINING

Absolut für Dummy-Training als Jagdalternative sprechen die vielen Parallelen zu den Elementen der Jagdverhaltenskette, die **alle selbstbelohnend** sind. Die grundsätzliche Jagdverhaltenskette eines Beutegreifers besteht aus folgenden Elementen:

»Ungerichteter Suchlauf → Taxis → gerichteter Suchlauf → Verfolgen → Packen → Töten → Fressen.«

Schleppleinen-Training

Eine tolle Möglichkeit, um stark jagende Hund abzusichern und trotzdem mit ihnen zu trainieren, ist die Schleppleine. Leider wird sie häufig falsch eingesetzt. Anstatt sie als reine Maßnahme zur Distanzkontrolle zu nutzen und nur einzugreifen, wenn der Hund Signale nicht befolgt, wird sie gerne einfach als „lange Leine" hergenommen. Häufig fällt der Abbau dieser Extra-Hilfe dann recht schwer. Die Schleppleine sollte nie auf Spannung sein, der Hund soll sie nur bemerken, wenn er darüber auf Distanz korrigiert wird. Sie dient zudem auch einfach der Erfolgsverhinderung, also, dass der Hund mit Jagen/Blödsinn nicht zum Erfolg kommt. Selbstverständlich kannst du auch viele Dummy-Aufgaben mit einer Schleppleine bearbeiten. Hierzu ist natürlich immer die Frage, in welchem Gelände man sich befindet. Wenn der Untergrund sehr uneben und viel Bewuchs vorhanden ist, könnte der Hund sich darin verfangen.

Vom **ungerichteten Suchlauf** (ähnlich der Wartestellung beim Training, das ruhige und doch gespannte Abwarten) geht es in die **Taxis**, der Moment, in dem der fliegende Dummy erblickt und die Beute wahrgenommen wird. Was folgt, ist der **gerichtete Suchlauf**, das Lossprinten in Richtung Dummy (das **Verfolgen**), sowie das **Packen** des Dummys. Bringt er uns das Dummy, bekommt er dafür Futter - somit wäre auch dem **Fressen** Beachtung geschenkt. Legen wir es uns so zurecht, finden alle Elemente der Jagdverhaltenskette (bis auf das Töten) im Dummy-Training Platz. Es bestehen also große Chancen, dass jagdlich motivierte Hunde an der Arbeit mit dem Dummy viel Freude finden.

Nun gibt es natürlich solche und solche Jäger. Manche haben einen so starken Jagdinstinkt, dass es sehr schwierig wird, auf weite Entfernungen in einem sehr wildreichen Gebiet mit ihnen zu arbeiten. Eine Absicherung mit Schleppleine muss hier zunächst gegeben sein, um den Hund auch auf Entfernung kontrollieren zu können.

Hast du also erst einmal die Möglichkeit auf abgesicherten Terrain oder mit der Schleppleine zu arbeiten, gibt es immer Schritt für Schritt die Chance, das Ganze auszubauen. Jedoch kann man leider immer schwer sagen, ob der Hund wirklich bereit ist, seine Motivation so zu verschieben, dass das Dummy-Training über dem Wildkontakt steht. Es bleibt immer die Frage offen: Haben wir dem Hund durch das erfolgsorientierte Training bereits einen so intensiven Hintergrund gegeben, dass die Arbeit mit dem Dummy so viel Freude bereitet, dass er bereit ist, die Motivation, diese Arbeit zu verrichten, über das eigenständige Jagen zu stellen?

Auch ist hier zu sagen, dass es sehr wahrscheinlich auch noch einen großen Einfluss hat, zu welchem Jagdzweck der Hund gezüchtet worden ist und/oder wel-

Wild-Spur entdeckt und zack, weg? Einige Hunde lassen sich gut auf die Ersatzjagd mit Dummys ein. (Foto: Thore Brockhoff, 202.de)

cher Teil des Beutefangverhaltens beim Hund deutlich ausgeprägt ist. Retriever am selbstständigen Jagen zu hindern, ist im Allgemeinen eine etwas einfachere Aufgabe, als dies mit einem Galgo zu tun. Ein Retriever, der nicht für die selbstständige Jagd, sondern für die Kooperation mit dem Menschen und die Arbeit nach dem Schuss auf der Jagd selektiert wurde, ist leichter zu kanalisieren. Der Hund ist einfacher dazu zu überreden, sich der Dummy-Arbeit anstelle des selbstständigen Jagens zu widmen. Es entspricht seinen Anlagen zu einem sehr großen Teil. Bei einem Hund, der dafür gezüchtet worden ist, absolut selbstständig und über weite Entfernungen Wild aufzuspüren, zu stöbern, zu hetzen und schon alle Arbeit vor dem Schuss eigenständig zu erledigen, wird das eine wesentlich schwierigere Geschichte.

Vorsicht: Nicht jeder (Rasse-)Hund ist gleich! Es gibt selbstverständlich jede Menge Ausnahmen. Aber: Ist die jagdliche Motivation im Hund stark ausgeprägt, kann es gut sein, dass du einen deutlich größeren Anteil an Management leisten musst, um diesen Hund die selbstständige Jagd nicht zu ermöglichen. Berücksichtige dabei, dass das Umschwenken oder Sich-ablenken-lassen von Wildspuren, -gerüchen und aufgescheuchtem Wild für diese Hunde eine Herausforderung ist. Oft können sie sich nur schwer wieder auf die Arbeit konzentrieren – vor allem dann, wenn du gerade erst damit startest.

DUMMY-TRAINING VS. JAGDMOTIVATION

Dummy-Training gehört insgesamt eher zu einem Maßnahmenpaket im Kontext, das angeboten werden kann, um sehr stark jagdlich interessierten Hunden eine Möglichkeit zu bieten, ihre Interessen in einem gewissen Rahmen auszuleben und somit zur allgemeinen Zufriedenheit des Hundes beizutragen. Jedoch ist es nicht möglich, das Jagdverhalten, das im Hund verankert ist, komplett auszuschalten. Du bietest lediglich eine Möglichkeit - und je nach Hundetyp wird diese Möglichkeit vollends ausreichen oder auch vielleicht nur ein bisschen mithelfen, das Bedürfnis zu befriedigen, das er als jagdlich ambitionierter Hund mit in die Wiege gelegt bekommen hat.

(Foto: Thore Brockhoff, 202.de)

Wann soll die Dummy-Arbeit beginnen?

Von Kristina

Das beste Alter zum Einstieg in das Dummy-Training gibt es wohl nicht. Denn selbstverständlich kannst du mit einem erwachsenen Hund noch sehr gut in das Training einsteigen. Es gelten hierfür ein paar andere Gesetzmäßigkeiten. Ein erwachsener Hund, der in seinem Leben schon gelernt hat, wie man lernt, hat sicher eine höhere Aufmerksamkeitsspanne, kann sich länger konzentrieren und ist auch körperlich ausgereifter, um ein intensives und langes Training schneller durchstehen zu können. Die einzelnen Trainingseinheiten können länger gestaltet werden. Dennoch höre ich oft, dass es für den Welpen erst einmal durch die Begleithunde-Ausbildung gehen muss und dass Dummy-Training nicht von Anfang an begonnen werden kann. Auch gibt es viele Stimmen von Trainerseite, die behaupten, man solle am Anfang gar nicht so wahnsinnig viel tun und würde besser erst spät beginnen – man müsse den Hund bildlich gesprochen „noch ein wenig auf der Weide lassen".

← Starten kannst du sofort, du solltest aber darauf achten **womit** du startest! (Foto: Thore Brockhoff, 202.de)

Doch sind wir einmal ehrlich: **Unsere Hunde leben so eng mit uns zusammen, dass wir sie wohl kaum nicht beeinflussen, erziehen, konditionieren können** – wie auch immer du es nennen möchtest. Wir etablieren Körpersprache, wir formen Kommandos und wir zeigen dem Hund unsere gewissen Abläufe. Dies beinhaltet auch, dass Hunde, die schon ein höheres Alter haben, es manchmal beim Auftrainieren von verschiedenen Signalen etwas schwerer haben. Meist liegt es daran, dass sie dich schon längere Zeit beobachten konnten, das Leben mit dir schon geteilt haben und hier gelernt haben, wie zuverlässig, deutlich und klar du im Umsetzen deiner Signale, deiner Wünsche und Anforderungen an sie bist – oder eben nicht. Bestimmt gibt es in eurem Alltag auch schon Handlungsweisen, die vielleicht in der Dummy-Arbeit hilfreich wären – sprich, du hast bei einem Quereinstieg kein Blankoblatt Papier, auf dem du schreibst. Bei einem älteren Hund kann es also sein, dass du an der einen oder anderen Stelle etwas durchstreichen und neu daneben schreiben musst oder du Zeilen finden musst, in denen noch Platz ist.

Es spricht überhaupt nichts dagegen – ganz im Gegenteil – mit einem Welpen schon mit der Dummy-Arbeit zu beginnen. Jetzt wirst du dich vielleicht fragen, ob das nicht ein bisschen überzogen ist, so früh schon mit dem Hund zu arbeiten. Dies entspringt oft der Annahme, dass Dummy-Arbeit sofort bedeutet, dass Hunde Dummys holen. Dabei geht es im ersten Schritt für den Welpen nicht darum, hinter Beute herzulaufen, die wir ihnen wild durch die Gegend werfen. Dummy-Arbeit mit Welpen bedeutet erst einmal nichts anderes, als eine gewisse Grundbasis zu üben, die zunächst noch nichts mit Beute zu tun hat.

Das Erste, was ich mit Welpen erarbeite, ist eine angenehme Fußarbeit – und zwar eine sehr genaue und sehr korrekte. Hat mein kleiner Hund diese verstanden, kann ich sie auch in anderen Situationen super für meinen Alltag nutzen. Denn überlege doch einmal, was dein Hund alles nicht machen kann, wenn er sauber im Kommando Fuß bei dir läuft! Er kann beispielsweise nicht pöbeln, kann nicht an der Leine ziehen, kann nicht Nachbars Katze hinterherlaufen und Weiteres. Dummy-Arbeit hat also im ersten Punkt für mich gar nicht unbedingt etwas damit zu tun, dass wir apportieren. Die Fußarbeit ist mir in diesem Zusammenhang sehr wichtig. **Ebenfalls möchte ich, dass mein Hund einen Rückpfiff zuverlässig lernt.** Es ist dabei wichtig, dass ich den Pfiff so aufbaue, ausbaue und weitertrainiere, dass ich ihn auch in einem Falle, der es mir in der Dummy-Arbeit nötig macht, erfolgreich anwenden kann. Einen sauberen Rückpfiff zu haben, macht sicher auch in verschiedenen Alltagssituationen einen schlanken Fuß. Wieder ein Punkt, der wichtig für die Dummy-Arbeit, aber auch für den Alltag ist! Genauso verhält es sich mit den Bereichen Sitzenbleiben und Warten: **Einen Moment innehalten zu können, bevor man irgendwohin rennen darf**, Dinge zu beobachten und

Neu lernen ist immer einfacher als umlernen. Versuche also von Anfang an die Weichen richtig zu stellen! (Foto: Thore Brockhoff, 202.de)

nicht sofort dran zu sein, nur weil ein Gegenstand geworfen wurde, sprich Steadiness, könnte interessant sein. Es gibt so viele Punkte, die vor dem Herausrennen und Beutemachen kommen, die wir auch in unserem Alltag unheimlich gut nutzen können und es sowieso tun werden. Sehr häufig sind gerade diese Punkte auch Bestandteile von Begleithundetrainings.

Eines ist uns doch auch klar: Können wir auf ein Blankopapier schreiben, so brauchen wir erst einmal nichts zu korrigieren, sondern wir schreiben einen völlig neuen Text. Bestenfalls schreiben wir diesen fehlerfrei oder nur mit kleinen Irrtümern, die sich leicht wieder ausradieren lassen. Ein weiterer Punkt, warum ein frühes Arbeiten Sinn macht, wenn ich vielleicht auch das ein oder andere Ziel mit meinem Hund verfolge, ist also die einfache Tatsache, dass ein junges Gehirn schneller lernt als ein deutlich älteres. **Zu keinem Zeitpunkt im Leben eines Hundes findet so viel Verknüpfungsarbeit statt wie in den Zeiten, in denen dein Hund ein Welpe und Junghund ist**. Hier wird unglaublich viel abgespeichert, umgeändert, sortiert und so angelegt, wie es für den späteren Gebrauch notwendig ist. Auch das frühe Fördern des Nasengebrauchs könnte ein Punkt sein, der für spätere Arbeit hilfreich ist.

Erarbeite ich die Basics mit ein wenig logischem Aufbau, viel Ruhe, etwas Geduld und dem korrekten Timing, kann ich sie zudem hervorragend auch in Bezug auf die Beute-Affinität von Hunden nutzen. Denn je nach seinem Stand im Ausbildungsweg kann der Hund auch verstehen, dass er einer lohnenden Beute nachgehen darf oder allgemein etwas tun darf, aus diesen Sequenzen, wenn er vorher etwas macht, was ich ihm abverlange. Beispielsweise könnte es sein, dass du die Fußarbeit, die du erst einmal ohne Ablenkung Stück für Stück erschwerend mit deinem jungen Vierbeiner gelernt hast, irgendwann einmal in der Dummy-Arbeit einbringst. So muss dein Hund zum Beispiel diese Fußarbeit zeigen, während ihr auf einen Dummy zulauft (was er natürlich super findet und ihn am liebsten sofort aufheben möchte), und er darf ihn haben, wenn er schöne Fußarbeit zeigt. Vielleicht soll der Hund aber auch sitzen bleiben, wenn an einem Punkt etwas geworfen wird, du es selbst einsammelst, es ihm für ordentliches und ruhiges Warten bringst und er es dann haben darf, da er an Ort und Stelle geblieben ist. **In der Dummy-Arbeit spielen wir zumindest für beute-affine Hunde mit der Beute-Motivation.** Ich habe das Empfinden, dass diese Hunde dadurch sehr schnell lernen, was wir von ihnen wollen, um zu ihrer Beute, zu ihrer Motivation, zu ihrem Zielen zu kommen.

Es spricht also nichts dagegen, Dummy-Arbeit schon sehr früh zu beginnen. Allerdings ist hier wichtig, dass es zunächst nicht darum geht, einen Welpen oder jungen Hund an möglichst vielen Dummys arbeiten zu lassen. Gerade in der Arbeit mit sehr jungen Hunden sollten wir den logischen Aufbau verfolgen, verstanden haben und immer aufmerksam auf sich einschleichende kleine Fehler achten, sodass wir hier Stück für Stück eine saubere Handlungskette aufbauen können.

(Foto: Thore Brockhoff, 202.de)

Einfachheit dank K.I.S.S.

Von Kristina

Erinnern wir uns zunächst zurück an unsere eigene Schulzeit. Ein schönes Beispiel ist das Lesen und Schreiben: Zuerst haben wir einzelne Buchstaben kennen und schreiben gelernt. Ich weiß nicht, wie es bei dir war, ich erinnere mich noch gut daran, dass ich erst alles in Druckbuchstaben und später in Schreibschrift gelernt habe. Nach den einzelnen Buchstaben folgten einfache Wörter, die zu einzelnen Sätzen geformt wurden. Mit diesen konnte man auf einmal kleine Texte schreiben, die im Laufe des Lernens immer länger und komplexer wurden. Am Ende ergibt das einen laufenden Fließtext und je nach Begabung die Fähigkeit eines sehr flexiblen Ausdrucks zu den verschiedensten Fragestellungen und Themengebieten.

Worauf ich mit diesem Beispiel hinaus möchte? Ganz sicher nicht darauf, ob du nun gut in Deutsch warst oder nicht. Vielmehr soll es eine Anregung sein, darüber nachzudenken, was wir von unseren

← Halte dein Training so einfach, verständlich und unkompliziert wie nur möglich!
(Foto: Beate Schmahl)

Welpen und jungen Hunden im Training verlangen, wenn wir verschiedene Dinge gleichzeitig trainieren oder uns wünschen, dass einmal in der Woche zur Hundeschule zu gehen reicht und dass der Hund damit die Möglichkeit zur ausreichenden Wiederholung von zuverlässig auszuführenden Signalen bekäme. Ganz so ist es nicht und vor dem Hintergrund des Lernens sollten wir gerade jungen Hunden und Welpen in ihren Anfängen besondere Beachtung schenken.

Ein bestimmtes Prinzip ist mir im Training mit jungen Hunden und ihren Halterinnen und Haltern immer sehr wichtig: Es nennt sich K.I.S.S. Nicht nur in England, sondern auch von deutschen Trainern hört man diesen Ausdruck immer häufiger. Er steht für: Keep it simple and stupid!

Warum? Um möglichst wenig Misserfolge, Konflikte, Frust und all das, was wir uns im Training nicht wünschen, aufkommen zu lassen. Je einfacher ich die Dinge halte, je simpler ich das Ganze strukturiere, desto schneller werde ich Erfolge sehen. Somit kann ich ein gutes Gefühl bei meinem Hund und mir fördern und festigen. Denn wir wissen alle, dass Erfolg beim Lernen definitiv ein guter Motivator ist.

(Foto: Thore Brockhoff, 202.de)

»K.I.S.S. steht für „Keep It Simple & Stupid", also: Halte es einfach und dumm! Dabei geht es darum, wie du das Training gestalten sollst. Es bedeutet nichts anderes, als dass das Training immer sehr einfach und logisch aufgebaut, umgesetzt und weitergeführt werden sollte.«

Was es braucht, bis ein Signal funktioniert:

- Erzeugen des gewünschten Verhaltens durch Locken, Einfangen, wenn es auftritt, oder andere Hilfsmittel (Beispiel: Keks an die Hundenase halten, nach oben ziehen)
- Hochwertige Belohnung des erzeugten oder auftretenden Verhaltens (Beispiel: Hund plumpst mit dem Popo auf den Boden, er bekommt im genau richtigen Moment Lob und den Keks)
- Häufige Wiederholungen von Locken und Belohnen des gewünschten Verhaltens in unterschiedlichen Umgebungen und Situationen
- Kannst du das Verhalten durch deine Hilfen (Locken, Körpersprache etc.) sicher erzeugen? Dann kannst du dafür ein Signal einführen! (Beispiel: Du sagst dein „Sitz"-Signal unmittelbar bevor der Hundepopo den Boden berührt)
- Schrittweises Ausschleichen deiner Hilfen: Der Hund soll verstehen, dass er nur auf das akustische Signal (Beispiel „Sitz") reagieren soll
- Häufige Wiederholungen in unterschiedlichen Umgebungen und Situationen
- Ablenkungen und Konflikte steigern
- Zuverlässigkeit einfordern

(Foto: Thore Brockhoff / 202.de)

Die Dinge so einfach wie möglich zu halten, ist manchmal gar nicht so leicht, wie es zunächst klingt. Denn wenn wir es einfach halten möchten, sollten wir vorab immer wissen, was für uns wirklich zu den Dingen gehört, die uns wichtig sind. Auf welche Signale und Verhaltensweisen konzentriere ich mich, die mir erst einmal deutlich wichtiger als andere im Training sind? Führen wir uns ganz kurz wieder vor Augen, wie Training funktioniert, so wissen wir alle: Wir starten irgendwie, den Hund in die Bewegung oder in das Verhalten zu bringen, das wir gerne von ihm sehen wollen, zu locken und zu motivieren. Wie auch immer wir das anstellen, ist jetzt erst einmal gar nicht so vorrangig wichtig, denn es geht um das grundsätzliche Verstehen. Sehen wir das Verhalten, das wir uns wünschen, durch unsere Herbeiführung immer wieder beim Hund, so können wir beginnen, dies zu benennen.

Möchten wir dies benennen, dann sollten wir irgendwann unsere Hilfen, mit denen wir gelockt oder motiviert haben, um ein Verhalten beim Hund auszulösen, Stück für Stück abbauen. Gebe ich im richtigen Moment mein Signal zum Verhalten dazu, verknüpfen wir beide Elemente miteinander. Dann wissen wir aber auch, dass zuverlässiges Aufzeigen eines solchen aufkonditionierten Signals beim Hund nur dann möglich ist, wenn wir diese Verhaltensweise in den verschiedensten Situationen unter unterschiedlichen Bedingungen mit ganz vielen anderen Ablenkungen, Umgebungen und Situationen immer wieder herbeiführen und immer wieder verändern – wir dem Hund also eine Chance geben, es zu generalisieren.

Es ist ein langer Prozess notwendig, bis wir an den Punkt gelangen, an dem wir sagen können, dass unser Hund etwas wirklich kann. Ich möchte gar nicht behaupten, dass ein Hund, der das noch nicht zu 100 Prozent kann, kein schlauer Hund wäre. Ganz im Gegenteil. Ich möchte einfach dafür plädieren, darüber nachzudenken, wie viel wir teils von unseren Hunden erwarten, trotz mangelnder Übung. Sehen wir uns diesen Prozess lediglich für ein einziges Signal an, sollte uns klar sein, dass, je mehr Signale wir von unserem Hund zuverlässig zukünftig abfragen möchten, wir einfach unheimlich viel Training und viele Wiederholungen brauchen für jedes einzelne Signal.

Die Frage „Wie oft übe ich eigentlich?" wird sehr oft gestellt. Das ist sicherlich ein wenig Ansichtssache und auch vom jeweiligen Hund abhängig zu machen. Auch ist zu bedenken: Was betrachte ich wirklich als Üben? Mit Beute arbeite ich persönlich mit einem Welpen oder jungen Hund nicht häufiger als zwei- bis dreimal pro Woche. In dieser Zeit sind mir die Fußarbeit und der Rückruf sowie meine Alltagsregeln deutlich wichtiger und nehmen auch mehr Aufmerksamkeit ein. Das wiederum übe ich dann praktisch jeden Tag. Dies lässt sich ja, vor allem was den Rückruf betrifft, im alltäglichen Leben gar nicht vermeiden und ist sicherlich für ein entspanntes Hundeleben wichtiger als permanente Beutespiele.

Die Beute wird beim jungen Hund in kurzen Einheiten zur Förderung der Anlage und der Bringfreude genutzt. Ich vermittle dem Hund: Beutespiele finden bei mir statt, Beute zu mir bringen ist toll und bedeutet nicht, dass du die Beute verlierst. Wichtig ist mir hierbei, dass ich es dem Hund einfach von Beginn an simpel und klar vermittle – lieber weniger, dafür jedoch strukturiert. Zu viel Arbeit mit der Beute kann einen sehr aufgeregten Hund etwas „zu heiß" machen. Hunde, die erst einmal nicht so viel Beuteinteresse mitbringen, sind auch schnell völlig entnervt, wenn ich ihnen damit permanent komme, und machen dann gar nicht mehr mit. So braucht es ein bisschen Fingerspitzengefühl für den Anfang.

Nichts ist so schwierig, wie eine Sache auf ihren Kern herunter zu brechen und dort mit der Vermittlung zu beginnen. Ich denke, es werden auch andere lehrende Berufsgruppen ein Lied davon singen können – und das ist auch in der Hundeausbildung unfassbar wichtig! Also übe nicht ständig ganz viele verschiedene Dinge, sondern fokussiere dich auf wesentliche Punkte! Halte es einfach und arbeite lieber weniger, dafür klar!

(Foto: Thore Brockhoff, 202.de)

Zwei Bälle und eine Pfeife, mehr brauchst du nicht!

So sehr wir die ganzen neuartigen Hilfsmittel vom Placeboard zum Dummy-Launcher oder die wildesten bunten Dummy-Kreationen lieben und auch gerne nutzen, so schlicht kann das Training auch manchmal gestaltet werden. Zwei Bälle und deine Pfeife kannst du problemlos auf jeden Spaziergang mitnehmen und es lassen sich damit sowohl Basics stärken, als auch komplexe Aufgaben gestalten. Die einzige Grundvoraussetzung: Dein Hund sollte Bälle gut finden. Ist das nicht so, wäre das ein oder andere Leckerli in jedem Fall noch hilfreich.

Hundetraining als Handwerk

(Foto: Thore Brockhoff, 202.de)

Von Vroni

Es tut mir leid, ich muss dir die Illusion nehmen: DEN einen Trick oder DIE eine Methode, die sofort zum Erfolg führt, die, die genau DAS Richtige ist für dein Dummy-Training – die gibt es leider nicht. Viele Trainer versprechen es und tun so, als hätten sie den heiligen Gral der Dummy-Ausbildung gefunden. Häufig versteckt sich dahinter gutes Marketing und eine geschickte Verkaufsmasche. Es gibt sie aber nicht, DIE EINE Methode, die das einzig Wahre ist, mit der man endlich zu 100 % alles erreicht, was man gerne hätte. Das merkst du sicher selbst auch. Mich wundert es nach wie vor, dass immer wieder Menschen darauf anspringen . . . vielleicht aus lauter Verzweiflung. Tatsächlich liegt etwas ganz anderes hinter Erfolg und weiterbringendem Training.

DER WERKZEUGKASTEN

Zum einen ist es natürlich so, dass jeder Hund unterschiedlich ist, aber auch jeder Mensch ist unterschiedlich. Beide sind so individuell, dass es unbedingt notwendig ist, das Training auf den Hundetyp, aber auch auf den Menschen abzustimmen, denn nicht jeder Mensch kann und möchte alles umsetzen. Jeder Hund ist anders motiviert, hat eine andere Persönlichkeit, lernt ein wenig anders, und die Menschen haben unterschiedliche Vorstellungen, Ziele und Philosophien. Es gibt unterschiedliche Lerntypen – das gilt für Mensch und Hund – und das Training muss einfach für beide passen. Hier sind wir schon beim Werkzeug. Je mehr Werkzeuge ich als Mensch gesammelt habe, desto mehr Möglichkeiten habe ich, mit meinem Hund umzugehen, und desto besser kann ich Probleme und Herausforderungen meistern. Dazu brauchen wir Offenheit für Neues, Wissen von außen und Erfahrung.

Stimmt das Wissen – weiß ich also, wie ich es machen muss und was für mich und meinen Hund passt –, dann ist ein sehr großer Teil tatsächlich ganz einfach Fleißarbeit und stetiges Wiederholen. Ich muss vieles in unterschiedlichen Varianten üben, in unterschiedlichem Gelände, in unterschiedlichen Situationen, unterschiedlichen Voraussetzungen: mal bei Regen, bei Sonne, im Wald, im hohen Gras, auf dem Berg, in der Früh, abends, bei Kälte, Schnee, Sonne – das ist ein ganz ganz wichtiger Punkt! Natürlich brauche ich einen Plan, wie ich es machen möchte, wie ich denke, dass es mit meinem Hund funktioniert, aber ganz ganz viel davon ist einfach stumpfe Wiederholung. Immer wieder tun, immer wieder abrufen, immer wieder üben!

DIE WIEDERHOLUNG IST DAS GEHEIMNIS

Durch Wiederholung festigt sich das Verhalten in unterschiedlichsten Situationen. Und es muss nicht immer die Halligalli-Hardcore-Übung sein, die deinen Hund im Zweifel sogar noch total überfordert, sondern wir brauchen vor allem ganz viel geradliniges, nachvollziehbares Training! Natürlich brauche ich auch Trainingseinheiten, in denen ich den Hund fordere, denn ein Leben in der Komfortzone bringt uns nicht weiter. Dennoch ist ein ganz ganz großer Teil des Hundetrainings stupides Abfragen bekannter Elemente unter verschiedensten Bedingungen. Das ist doch eigentlich eine große Erleichterung, oder? Wir müssen uns keinen großen Kopf machen, was wir heute alles trainieren, denn es geht immer vor allem um das Stärken der Basics und das Abfragen und Wiederholen bekannter Elemente – je nachdem auf welchem Stand ich und mein Hund gerade sind!

Und: Hundetraining als Handwerk heißt auch, dass ich eben keine besonderen magischen Kräfte brauche, um meinen Hund zu trainieren! Jeder kann es! Die einen brauchen ein wenig länger, um ein Gefühl für den Hund zu entwickeln, die anderen schaffen es schneller. So oder so: Wenn ich verstanden habe, wie es für meinen Hund geht, und das umsetzen kann, brauche ich nur Zeit, Fleiß und das Wissen oder zumindest den Glauben daran, dass es funktioniert. Ein großer Werkzeugkoffer und viele Möglichkeiten unterstützen mich dabei. Ich muss aber kein

Ein kleiner Selbst-Check

Sei mal ehrlich und geh in dich: Wie oft übst du wirklich in unterschiedlichsten Situationen? Und damit meine ich nicht, in ein Training rennen, sondern ÜBEN! Damit ist nichts anderes gemeint als: selber für dich Dinge mit deinem Hund wiederholen, Bewegungsabläufe eintrainieren, die Motivation für ein bestimmtes Signal fördern oder Dinge, die deinem Hund schwerfallen, einfach immer wieder abfragen. Übung bringt Routine und Routine bringt Automatismen, die gerade etwa für die Fußarbeit oder unsere Pfeif-Signale so wichtig sind! Da möchte ich nicht, dass mein Hund überlegt, sondern prompt reagiert.

(Foto: Thore Brockhoff / 202.de)

Dummy-Training-Guru sein, um meinen Hund erfolgreich auszubilden. Jeder, der dir erzählt, es sei anders, ist im Unrecht!

Genauso ist es im Training – ich muss es tun! Und je häufiger ich trainiere, desto sicherer wird mein Hund und desto leichter fällt es ihm, Gelerntes abzufragen. Je mehr Situationen ich durchspiele, desto mehr Erfahrung hat der Hund, desto mehr kennt der Hund und desto einfacher wird es für ihn. Ah, Rübenfeld – kenn ich, ah, Stoppelfeld – kenn ich, ah, rüber durch den Busch – kenn ich, ah, voran in den Wald – kenn ich, ah arbeiten bei Schnee – kenn ich! Matschiges Moos, rutschiger Graben – kenn ich alles! Es geht darum, den Hund in diese Situationen zu bringen und für ganz viele Wiederholungen zu sorgen. Bitte nicht falsche verstehen – es geht nicht darum, auf Gedeih und Verderb ewig lange Trainingseinheiten durchzuprügeln. Nicht jeder Hund ist gleichermaßen für die Dummy-Arbeit motiviert. Qualität steht im Training immer vor Quantität! Aber regelmäßiges Training ist der Garant für Erfolg! Wie mir schon John Halsted – einer der erfolgreichsten Retriever-Führer, der zweimal die IGL Retriever-Championships gewonnen hat und immer mehrere Hunde auf die Championships führt – bei der Aufzeichnung zum Jagdhunde Online-Kongress erzählt hat: „The more I train, the luckier I get!"

Kennt dein Hund Training im Schnee? Sicher keine Sache, die du übertreiben musst! Dennoch gut, wenn dein Hund es mal gemacht hat, falls du es einmal brauchen solltest. (Foto: Thore Brockhoff, 202.de) →

Dinge die du immer wieder üben solltest:

- Fußarbeit
- Auf einer Stelle hunten
- Stoppen mit hoher Motivation im Alltag

Mein Englisch-Dozent für das Fach "Effective Pronunciation" (frei übersetzt: korrekte Aussprache) an der Uni hat immer gesagt: „In order to fully understand and speak English correctly, you need to expose yourself to thousands and thousands and thousands of hours of English." (Um die Sprache wirklich komplett zu verstehen und korrekt sprechen zu können, musst du dich tausende von Stunden dem Englischen aussetzen.) Was er damit meinte? Wir müssen uns von der Sprache bombardieren lassen, sie im Radio hören, im Fernsehen, sie ständig immer wieder benutzen und sprechen, sie atmen. Unsere Zunge, unser Mund und die Verbindung zum Gehirn und den Arealen, die diese steuern, muss immer wieder genutzt werden und auf Englisch geeicht werden. Nur so können wir immer besser verstehen, sprechen und können so schließlich auch immer mehr wie ein Muttersprachler reden. Natürlich kann ich Vokabeln pauken und Grammatik lernen, aber im Endeffekt muss ich sprechen, ich muss üben und es tun! Auch hier gilt: Sicher ist nich jeder wahnsinnig sprachbegabt, aber mit genug Übung und tausenden Stunden Wiederholung kann jeder die Sprache sehr gut lernen!

Vom Trampelpfad zur Autobahn

Lernt der Hund ein neues Verhalten, so bildet sich im Gehirn ein kleines Bündel von Nervensträngen, die sich neu verküpfen. Stell dir das wie einen kleinen Trampelpfad auf einer Wiese vor. Je häufiger wir dieses Verhalten nun wiederholen, desto mehr Nervenstränge kommen hinzu und desto größer wird unser Trampelpfad. Irgendwann ist der Pfad ein Feldweg, dann eine Straße und schließlich eine 4-spurige Autobahn. Haben wir diese Nerven-Autobahn im Hundehirn generiert, ist das Verhalten zum Automatismus geworden. Der Hund muss nicht mehr darüber nachdenken, sondern reagiert einfach direkt. Dieser Effekt ist auch unter dem Begriff „Conditioned Response" bekannt.

- Rück-Pfiff mit hoher Motivation im Alltag
- Lange gerade Linien auf Stab, Memory Punkte und/oder gemeinsam ausgelegte Dummys. Der Hund soll sich daran gewöhnen, dass ein Voran auch mal eine ganz schön lange Strecke gehen kann

Kennt dein Hund schon?

- Nicht nur Voran durch Geländeübergänge, sondern immer auch Rüber/Back (wenn schon bekannt) → Nur weil der Hund einen Graben oder einen Fluss im „Voran" queren kann, heißt es nicht, dass er es automatisch auch im „Rüber" kann.
- Voran durch einen Graben
- Voran schräg einen Hang entlang
- Schräg über ein Gewässer oder einen Zaun?
- Rüber einen Hang hinauf?
- Training in moorigem/piksigem Gelände?
- Training bei Schnee, Nebel, Dämmerung?

Regelmäßigkeit hilft – make it a habit!

Von Vroni

Klare Strukturen und immer gleiche Abläufe helfen dem Hund entspannter und ruhiger zu werden. Vor allem unsichere Hunde profitieren davon, weil es ihnen sehr viel Sicherheit gibt. Auch uns Menschen helfen klare Abläufe und Strukturen im Alltag. Wir sollten es uns angewöhnen, bestimmte Dinge immer wieder einzuüben. Sich das Trainieren vorzunehmen, ist die eine Sache, eine Gewohnheit daraus zu machen, ist die andere. Ein Beispiel: Ich muss meine Fußarbeit verbessern – so kann ich mir zum Beispiel vornehmen, immer an einer bestimmten Strecke auf meiner täglichen Gassi-Runde die Fußarbeit einzubauen. Immer vom Getränkemarkt bis zur roten Bank – zum Beispiel – übe ich also jeden Tag mit meinem Hund die Fußarbeit. Irgendwann wird sich das beim Hund als Gewohnheit einschleichen, er wird eine Erwartungshaltung entwickeln und in diesem Abschnitt die Fußarbeit bereits automatisch anbieten. Toll, wie unsere Hunde so funktionierten, oder?

← (Foto: Thore Brockhoff, 202.de)

DIE GEWOHNHEIT MACHT'S

Gewohnheiten sind überaus sinnvoll für jeden Bereich unseres Lebens, in dem wir weiterkommen möchten. Von den Gewohnheiten hängt ganz viel ab. Wollen wir etwas ändern und schaffen es nicht, dann liegt das in den allermeisten Fällen an starken Gewohnheiten, die das Dopamin-System im Kopf aktivieren und für uns sehr schwer abzulegen sind. Unser Hirn sagt uns also, dass es ganz toll ist, morgens noch fünfmal die Snooze-Taste zu drücken und erst mal noch durch Social Media zu scrollen. Wirklich produktiv ist das für unseren Tag aber nicht und so richtig ausgeschlafen kommen wir dabei auch nicht aus dem Bett. Es ist aber nicht schlimm, denn Gewohnheiten können wir ändern. Das ist zwar anstrengend – vor allem am Anfang – , aber möglich und eine tolle Chance, sein Leben umzukrempeln (egal in welche Richtung wir das anstreben). Zu Anfang kostet das Ändern lange etablierter Gewohnheiten sehr viel Kraft. Körper und Gehirn müssen sich richtig anstrengen, um aus den ewig gleichen Abläufen herauszukommen. Wir müssen uns zwingen, das durchzuziehen, was wir uns vorgenommen haben: jeden Tag um 6 Uhr aufstehen zum Beispiel, dann eine Runde mit den Hunden und danach für jeden Hund 5-10 Minuten Training – oder jeden Dienstag und Donnerstag mit dem Hund eine Runde joggen oder radeln, um wieder mehr Fitness bei ihm aufzubauen, dass er bei steilen Hängen im Training nicht immer so arg schnauft.

(Foto: Thore Brockhoff, 202.de)

DIE ZWEI-MONATS-REGEL

Hier kommt die gute Nachricht: Es dauert ca. zwei Monate, bis sich diese Abläufe automatisieren. Ist alles am Anfang noch sehr anstrengend, kommt, wenn wir es zwei Monate jeden Tag schaffen, unsere neuen Gewohnheiten umzusetzen, die Erleichterung. Das Gehirn hat sich umgestellt, die Anstrengung lässt nach und die neuen Abläufe fallen leichter. Zwei Monate – das ist doch wirklich ein absehbarer Zeitraum, oder? Diese Frist bezieht sich übrigens auch darauf, wie lange ich mit meinem Hund ein neues Verhalten einüben sollte, damit er es verinnerlichen kann. Das ist vor allem bei Verhaltensauffälligkeiten Thema. Zum Beispiel: Ein Hund geht einmal aus Unsicherheit bei einer Hundebegegnung nach vorne und hängt kläffend in der Leine. Daraufhin wird der Artgenosse schnell weggezogen – ein vorteilhaftes Verhalten für ihn, weshalb er es beim nächsten Mal wahrscheinlich wieder versuchen wird. Je häufiger er dieses „Fehlverhalten" eintrainieren kann, desto fester sitzt es. Es wird zur Gewohnheit und der ursprüngliche Grund, warum der Hund einmal angefangen hat, so zu reagieren, ist gar nicht mehr relevant. Nun trainiere ich mit dem Hund ein neues Verhalten bei Hundebegegnungen ein: ein „Sitz" etwa, oder ein „Schau", kombiniert mit einem großen Bogen um den entgegenkommenden Hund. Kann ich dieses neue Verhalten täglich erfolgreich einüben, braucht der Hund etwa zwei Monate, um sein Verhalten umzustellen. Natürlich funktioniert dann nicht sofort alles perfekt und es wird sicher Rückschläge geben, aber das neue Verhalten ist etabliert und vom Hund abrufbar.

(Foto: Thore Brockhoff, 202.de)

SCHLECHTE GEWOHNHEITEN IN DER DUMMY-ARBEIT

In der Dummy-Arbeit können sich auch „schlechte Gewohnheiten" an vielen Ecken und Enden einschleichen. Es sind Dinge, bei denen wir eigentlich nicht möchten, dass unser Hund sie tut, er sie aber unbeabsichtigt immer wieder ausführen konnte und sie sich schlichtweg eingeschlichen haben. Tauschen ist da so ein Paradebeispiel! Ganz weit vorne mit dabei sind auch eine schlampige Fußarbeit, Einspringen oder den Dummy vor die Füße werfen. Wie kriegen wir sie los?

Zum einen musst du einmal ganz grundsätzlich dafür sorgen, dass das unerwünschte Verhalten nicht mehr auftreten kann. Treffe also entsprechende Maßnahmen und sichere deinen Hund ab – vielleicht mit einem Kurzführer, einer Schleppleine oder einfach in der Art und Weise, wie und auch wo du mit deinem Hund trainierst! Tauschen lässt sich da schnell vermeiden, indem ich eine Zeit lang – während ich separat an dem Thema arbeite – einfach immer nur einen Dummy im Training auslege. Ich kann auch z. B. das Gelände so wählen, dass die Fußarbeit ein wenig leichter fällt,

Sechs Kekse, mehr brauchst du nicht

Du möchtest ein bestimmtes Verhalten bei deinem Hund neu lernen, wieder auffrischen oder gerade stärken? Dann nimm dir doch einfach vor, dass du jeden Tag sechs Kekse nutzt, um dieses bestimmte Verhalten einzuüben oder zu wiederholen. Lege dir am besten diese sechs Kekse jeden Tag bereits zurecht, damit du es nicht vergisst. Hast du es den Tag über nicht geschafft, wirst du abends noch die sechs Kekse liegen sehen und auf jeden Fall daran denken. Auch gut: Mache eine feste Verabredung mit dir selbst! Zum Beispiel: Heute um 12 Uhr nach der Gassi-Runde nutzen wir unsere sechs Kekse fürs Training. So stärkst du regelmäßig ein Verhalten, an dem ihr gerade arbeiten müsst. Sei es die Fußarbeit, eure Abgabe oder ein sicheres „Sitz". Jeden Tag sechs Kekse – und es wird sich in jedem Fall verbessern! Natürlich dürfen es auch mehr Kekse werden, aber durch die Regelmäßigkeit schaffst du schon mit kurzen Einheiten Erfolge.

(Lieben Dank an Alex für diesen grandiosen Ideen-Anstoß)

und so weiter. Ich darf dem Hund schlichtweg keine Möglichkeit mehr geben, das unerwünschte Verhalten weiter auszuführen oder gar einzuüben, und verhindere zwischenzeitlich, dass es auftritt.

Als weiteren Schritt arbeitest du natürlich am Problem, aber separat (!) – also wenn möglich losgelöst von anderen Aufgaben und der Dummy-Arbeit. Du brichst die Übung herunter auf die Sache, die Probleme macht, und schaust sie dir mit deinem Hund ganz genau an. Bei Tauschübungen verringerst du zum Beispiel die Distanz, um mehr Zugriff zum Hund zu haben, nutzt erst einen, dann zwei Dummys oder vielleicht sogar erst einmal ganz andere Beutegegenstände, bis ihr euer Problem gelöst habt. Hast du ein Thema beim Fuß, übst du zum Beispiel sicheres Fußlaufen in einem anderen Zusammenhang – vielleicht erst reizarm daheim, dann in der Stadt. Wenn nötig, trainierst du mit deinem Hund für das Fehlverhalten eine Alternative ein, mit der ihr beide besser klarkommt. Wichtig ist, dass wir hier in diesem Schritt dem Hund verständlich machen, wie es geht und warum anders nicht. Wie genau du an den unterschiedlichen Themen arbeiten kannst, klären wir hier im Kapitel „Troubleshooting".

Hast du dein Problem abseits der Dummy-Arbeit gelöst, generalisiert und abgesichert – also geprüft, ob dein Hund auch wirklich verstanden hat, welches (richtige) Verhalten in der Situation gewünscht ist – packst du es langsam wieder mit in Dummy-Aufgaben. Sei weiterhin wachsam, dass sich deine schlechte Gewohnheit nicht wieder einschleicht, und meide in der Zwischenzeit Trainingsgruppen, bei denen du nicht vermeiden kannst, dass der Hund wieder seine schlechten Gewohnheiten zeigen kann!

Du und die anderen

Von Kristina

Neulinge haben oft einen Hund, der sehr viel Potenzial mitbringt. Ich meine damit einen Hund, der in der höchsten Klasse im Dummy-Training gut, zuverlässig, vielleicht sogar spektakulär mitläuft. Das ist selbstverständlich nicht von Beginn an jedermanns Ziel. Es gibt aber immer wieder Konstellationen, wo auf einmal das Interesse der Menschen geweckt wird, etwas mehr zu machen, als sie sich ursprünglich vorgenommen haben. Das ist kein Problem. Schwieriger wird es bei einem Neu-Hundehalter. Der Zweibeiner hat bisher noch keine Erfahrung im Dummy-Training, manchmal noch nicht einmal Erfahrung in der Hundehaltung. Das erfordert mehr Aufwand, Zeit und Geschick, aus dem Hund herauszuholen, was möglich wäre. Ich möchte nicht sagen, dass es nicht möglich ist. Ganz im Gegenteil. Ich glaube, dass es viele Teams gibt und gab, die darüber richtig tief in die Materie ein-

← Druck macht man sich häufig selbst am meisten, wenn andere zusehen. (Foto: Thore Brockhoff, 202.de)

gestiegen sind. Sie haben festgestellt, dass es ihnen große Freude bereitet. Vielleicht hast du selbst sogar einen Hund an der Leine, der es dir leicht gemacht hat, mit dem du wirklich weit gehen konntest. Diese gemeinsame Freizeitbeschäftigung ist einfach ein tolles Ding geworden.

»Es ist nur ein Sandsack – und doch ist es viel mehr als das!«

Manchmal entwickelt sich diese Konstellation aber in eine Richtung, die etwas schwierig werden könnte. Die Suche nach einem Training führt einen beispielsweise zu einem Gruppentraining, einem einzelnen Trainer oder einer privaten Gruppe, in der man sich regelmäßig trifft, um mit den Hunden zu arbeiten. Man stellt Aufgaben und hilft einander. Nicht jeder versteht gleich, dass Vergleich und starkes Puschen nicht sehr hilfreich sind. Nach gewissen Kriterien kann beurteilt werden, wie der Hund gearbeitet hat, wie schnell er gearbeitet hat, ob er zielstrebig war und so weiter. Manchmal beschwört es auch ein bisschen das Ego in uns herauf. Und man sagt sich: Was der oder die mit seinem oder ihrem Hund schon kann, ist der absolute Wahnsinn. Schau mal, wie schnell dieser Hund durch das Gelände prescht, wie hart und kompromisslos er ist, und schau, wie viel Ausdauer dieser Hund hat! Der Wahnsinn! Es passiert nicht selten, dass man sich doch ein wenig davon anstecken lässt. In diesem Moment wird oft der Vergleich geweckt, weil dieser eine Hund, den man so herausragend findet, dadurch auffällt, was er tut, durch die Art, wie er arbeitet. Man lernt, sich gut zu fühlen, wenn der Hund das gezeigt hat, was in der Gruppe mit viel Lob, Beachtung, mit viel Wow und Aha-Effekt betrachtet wird.

(Foto: Thore Brockhoff, 202.de)

»Eine kleine Bitte an dieser Stelle an dich: Sei immer mit einem gesunden Ehrgeiz unterwegs! Habe Spaß daran, Ziele zu verfolgen – gemeinsam als Team mit deinem Hund! Stelle sicher, dass nicht nur dein Hund das Potenzial besitzt, um diese Ziele zu erreichen! Auch du musst dir die nötigen Fertigkeiten und Kenntnisse aneignen, um für deinen Hund ein guter Trainer zu sein.«

← (Foto: Beate Schmahl)

Hier müssen wir einen kleinen Ausflug dahingehend machen, wie wir Menschen funktionieren, wonach wir streben, was uns wichtig ist; denn schnell wird diese eigentliche Freizeitbeschäftigung doch etwas kompetitiver. Ich glaube, dass es jedem von uns passieren kann. Fasse es bitte nicht falsch auf! Ein gewisser Grad an Selbstbewusstsein, an Ehrgeiz ist hilfreich beim Erreichen von Zielen. Wie die Ziele aussehen, das sei dahingestellt. Es ist völlig dir überlassen, ob es das Erreichen einer Dummy A-Prüfung ist oder ob du sagst: Da geht noch mehr – ich habe Lust, im Ausland bei einem Working-Test zu starten. Die Menschen streben nach Zugehörigkeit und nach Anerkennung. Diese Zugehörigkeit treibt uns manchmal zu Dingen, die uns persönlich vielleicht gar nicht so wichtig gewesen wären. Wir merken, dass in einer Gruppe, die wir glücklicherweise gefunden haben, das oder jenes als super herausragend betitelt wird. Dort werden gewisse Dinge und Punkte immer wieder mit Lob und Anerkennung einhergehen. Die Gruppe freut sich und staunt vielleicht, was der Hund schon kann.

Zusätzlich kann es dann auch noch – mangels Fachkenntnis – zu Aussagen kommen, die lerntheoretisch für deinen Hund überhaupt nicht relevant sind. Sie sind vielleicht überholt, weil sie noch aus einer Zeit stammen, in der Hunde ganz anders ausgebildet und trainiert worden sind. So passiert es nicht selten, dass wir uns unter Druck gesetzt fühlen und diesen Druck an unseren Hund weitergeben. Ich glaube, keiner von uns kann sich davon freimachen, dass positives Feedback für uns etwas Tolles ist, etwas Angenehmes, das sich gut anfühlt, wenn wir es bekommen. Das ist in verschiedenen Lebensbereichen so. Das kann bei der Arbeit sein, im Hundetraining oder bei einem ganz anderen Hobby. Was auch immer du tust, wir können uns nicht davon freimachen, dass wir gerne hören, dass wir etwas gut gemacht haben. Falls wir selbst es nicht gut gemacht haben, dann wenigstens unser Hund im Training.

(Foto: Thore Brockhoff, 202.de)

Ich merke oft, dass es vielen Menschen schwerfällt, wenn sie sich einmal dieser Zugehörigkeit angeschlossen haben, sich davon wieder zu entfernen. Aber: Das positive Feedback, das man in dieser Runde erhält, spiegelt meist nicht wirklich das wider, was deinem Hund entspricht. Seien wir ehrlich: Trainer oder Trainingspartner, die sicherlich helfen wollen, die etwas Gutes möchten, die auch selbst weiterkommen möchten und bereit sind zu helfen, können einen gewissen Druck ausüben. Das muss nicht sein – bitte nicht falsch verstehen! Falls du dich völlig wohl fühlst und ihr beim Arbeiten Freude miteinander habt, ist das super. In der Praxis sieht es häufig leider so aus, dass Trainings-Gruppen zu spät verlassen und Thematiken, die einem persönlich schon länger aufgefallen sind, spät oder gar nicht angesprochen werden. Warum? Ganz einfach aus Sorge davor, ausgeschlossen zu werden, mit seinem eigenen Hund wieder an einen Punkt zurückgehen zu müssen, womit man bisher nicht konfrontiert war.

Es ist durchaus schon vorgekommen, dass euch der gesunde Ehrgeiz am Anfang in

(Foto: Thore Brockhoff, 202.de)

eurem Tempo euren Zielen ein wenig näher gebracht hat. Durch diesen Wunsch nach Anerkennung in der Gruppe oder aus Sorge vor negativen Kommentaren und aus diesem Mitmach-Gefühl heraus fordert man oft Aufgaben heraus. Vielleicht passiert dies auch, weil sich trainingstechnisch niemand bereit erklärt, dort das Zepter in die Hand zu nehmen. Vielleicht ist auch keiner dabei, der von Hundetraining, von Lernmethoden und Lerntheorie eine Ahnung hat. Falls niemand mit diesen Kenntnissen anwesend ist, denkt man sich vielleicht Dinge aus, die für den eigenen Hund einfach noch gar nicht passen. Vielleicht ist das für diejenigen, die schon länger in dieser Truppe sind, die einen alteren Hund haben, ein gängiges Konzept – für deinen aber nicht, und trotzdem macht man in dem Stil weiter.

Es ist nicht nur das Gruppentraining, sondern es ist auch der Werdegang, den man durchlebt, wenn man auf einmal doch mehr mit dem eigenen Hund machen möchte. Man merkt, dass noch mehr geht. Man entwickelt diese Sichtweise, dass der Hund wirklich Potenzial hat und wir mit ihm sehr gut arbeiten und weit kommen können. Vielleicht können wir bei Prüfungen starten. Auf diesen Prüfungen werden wir mitbekommen, wie gut es funktioniert oder eben auch nicht. Wie sehr wir in diesem Strudel von Interesse an Anerkennung, Sorge vor Rückschritten oder auch aus dem eigenen angefixten Ego heraus auf einmal merken, dass wir doch mehr Druck verspüren, als uns das für ein Hobby lieb ist. Ich glaube, dass dieser Prozess sehr wichtig ist, um zu erkennen und kritisch zu hinterfragen, ob dies für dich, dein Training und deinen Hund wirklich hilfreich ist. Dadurch lernt man, sich davon zu distanzieren, Dinge vom Hund zu fordern, Aufgaben an den Hund zu stellen, für die er überhaupt noch nicht reif ist. Wir Menschen lassen uns hinreißen, Dinge zu tun oder Dinge zu erwarten, die in dieser Kombination noch nicht richtig sind.

Eine kleine Bitte an dieser Stelle an dich: Sei immer mit einem gesunden Ehrgeiz unterwegs! Habe Spaß daran, Ziele zu verfolgen – gemeinsam als Team mit deinem Hund! Stelle sicher, dass nicht nur dein Hund das Potenzial besitzt, um diese Ziele zu erreichen! Auch du musst dir die nötigen Fertigkeiten und Kenntnisse aneignen, um für deinen Hund ein guter Trainer zu sein. Denn das bist du am Ende des Tages – fernab der wöchentlichen zwei Trainingsstunden mit anderen Menschen. Den Rest der Zeit übernimmst du alle Regeln. Alles, was dein Hund und du gemeinsam machen, liegt in deiner Hand. Verbessere dich stets mit deinen Ideen, deinen Fertigkeiten, deiner Beobachtungsgabe und der Art und Weise, wie du mit deinem Hund arbeitest und was du erkennen kannst! Ich glaube, dass es hier einen riesengroßen Punkt gibt, der gerne vernachlässigt wird: Oft schauen wir auf die Hunde und bemerken, dass eine Aufgabe noch nicht funktioniert oder der Hund hier nicht aufpasst und dort nicht hinrennt, wo ich es wollte. Er kann etwas noch nicht erfüllen, was ich mir vorgestellt und in den Kopf gesetzt habe. Oft ist einfach der Grund, dass dem Hund diese Dinge im bisherigen Training noch nicht in ausreichender Art und Weise, gemäß aller lerntheoretischen Grundlagen, erklärt werden konnte.

Bringfreude & Abgabe

Von Vroni

In einer so kleinen Sache liegt so große Bedeutung und es kann so viel schief laufen. Alles endet in der Abgabe, in meinem Training steht sie immer am Anfang. Der Hund muss verstehen, dass die Beute zum Menschen gehört, er darf überhaupt gar keinen Zweifel daran haben, dass es das Schönste der Welt ist, die Beute mit dem Menschen zu teilen – dieses sollte immer die erste Sache sein, die dein Hund lernt. Viele Probleme resultieren daraus, dass der Hund die Beute lieber für sich behalten möchte. Der Hund dreht Kreise, kommt nicht direkt zurück, kommt langsam zurück, geht pinkeln, knautscht den Dummy – das ist häufig Konfliktverhalten, weil er gelernt hat, dass sich zurückbringen doof anfühlt und bedeutet, dass er den Dummy – seine wertvolle und hart erarbeitete Beute – verliert. Idealerweise machen wir also mit dem Welpen bereits kleine Beutespiele und zeigen ihm, dass er immer einen Vorteil davon hat, wenn er die Beute zu uns bringt.

← So lange festhalten, bis mein Signal zur Ausgabe kommt – die Idealvorstellung einer sicheren Abgabe. (Foto: Thore Brockhoff, 202.de)

ABGABE MIT FUTTER?

Der Klassiker ist ja, dass die Beute einfach gegen Futter getauscht wird. Das kann super funktionieren, keine Frage, birgt aber einige Risiken. Zum einen möchten wir für eine schöne Abgabe als Endprodukt ja auf jeden Fall, dass der Dummy nicht auf den Boden fällt, sondern in unsere Hand abgegeben wird. Futter sorgt in der Regel dafür, dass der Hund, in Erwartung dessen, schon mal die Luke öffnet. Das Maul geht auf, die Beute fällt raus – blöd! Bestätige ich dieses Verhalten dann auch noch, indem der Hund das Futter bekommt, habe ich schnell etwas etabliert, das ich so in keinem Fall haben möchte und das in der Regel eher schwer loszuwerden ist. Ja, es gibt einige kaum

Backward Chaining

Hast du dir schon einmal Gedanken darüber gemacht, aus wie vielen einzelnen Handlungen das Apportieren besteht? Schauen wir es uns an:

→ Hund wartet bis er geschickt wird
→ Hund läuft auf direktem Weg zum Dummy
→ Hund nimmt Dummy auf ohne zu zögern
→ Hund dreht sich um
→ Hund läuft auf direktem Weg zu uns zurück
→ Hund gibt Dummy in die Hand ab

Ganz schön viel was unser Hund da auf ein einziges Signal hin tun soll, oder? Und jetzt stell dir vor, was dabei alles schief gehen könnte! Um Fehler möglichst zu vermeiden empfielt sich beim Aufbau des Apportierens das sogenannte Backward Chaining. Dabei baue ich eine Handlungskette rückwärts statt vorwärts auf, wir starten im Training also mit dem letzten Element der Kette. Beim Apportieren ist das die Abgabe. Hat der Hund verstanden, dass der Dummy zu uns muss, wird er ihn auch immer wieder zu uns bringen, egal wie weit weg er sich später befindet. Der Hund muss in diesem Fall beim Backward Chaining also nur ein Element der Kette sicher beherrschen, alle anderen ergeben sich fast automatisch.

beute-motivierte Hunde, bei denen Futter oder sogar die Nutzung eines Futterdummys notwendig ist, um dieser Aktion für sie überhaupt erst einmal einen Sinn zu geben. Hier sollte von Anfang an darauf geachtet werden, dass ein Fallenlassen des Dummys nicht mit Futter belohnt wird. Am besten startest du mit dem Halten und Geben-lassen des Dummys! Vielleicht findest du ja aber noch einen Gegenstand, für den sich dein Hund auch ohne Futter begeistern lässt? Zum Aufbau des Apportes nutzt du am Anfang am besten keinen regulären Dummy, sondern einfach irgendetwas, das dein Hund gerne mag. Ganz hoch im Kurs stehen bei mir Socken-Knäuel, Malerrollen oder Filzbälle. Denn am besten ist es tatsächlich zu Anfang bei der Arbeit mit Beute, kein Futter zu nutzen. Mach ein Spiel daraus und zeig dem Hund, dass DU die Macht hast, eure gemeinsame Beute zum Leben zu erwecken. Hat der Hund die Beute allein für sich, ist sie leblos und bewegt sich nicht. Bringt der Hund die Beute zu dir, wird ein wildes Spiel daraus, denn du kannst die Beute bewegen und sie noch viel spannender machen. Was wird der Hund automatisch tun? Er wird die Beute immer wieder zu dir bringen, denn zusammen mit dir macht das mit der Beute noch viel mehr Spaß als alleine. Du startest also im Nahbereich mit einem Beutespiel und hast den Hund abgesichert an der Leine. Das Spiel findet zunächst nur nah bei dir statt. Hat der Hund verstanden, dass das mit der Beute zum Menschen gehört und unfassbar viel Spaß macht, wirfst du die Beute Stück für Stück auch einmal etwas weiter weg. Die Leine ist notwendig, damit der Hund niemals die Erfahrung sammeln kann, mit der Beute abzuzwitschern.

(Foto: Thore Brockhoff, 202.de)

Schnell und gerne zurückkommen

Eine schnelle kleine Übung für alle Hunde, die Beute nicht gerne hergeben: Nutze zwei gleichwertige Beutegegenstände (z.B. zweimal denselben Ball)! Begib dich zunächst auf die Höhe deines Hundes, gehe dazu leicht in die Hocke! Trainiere zu Anfang in einem abgesicherten Bereich, in dem dein Hund nicht abhauen kann, z.B. im Garten oder in der Wohnung. Vielleicht hast du sogar einen langen Gang oder eine Schneise – das bietet sich hier an, da der Hund links und rechts begrenzt wird. Auch das Absichern mit einer längeren Leine ist möglich. Wirf einen der beiden Bälle für deinen Hund ein Stück weg, das muss erst einmal gar nicht weit sein! Den anderen Ball wirfst du bei dir in der Luft auf und ab. Kommt dein Hund, nimmst du ihm den einen Ball ab und wirfst ihm direkt den anderen Ball! Hat er das Prinzip verstanden, wird er schnell zurückkommen, um wieder einen Ball geworfen zu bekommen. Der Hund lernt gleichzeitig, dass er seine Beute nicht verliert, wenn er sie zu dir bringt und du sie ihm abnimmst. Später werden die Distanzen größer und aus einem der beiden Bälle wird ein Dummy. Die Regel dann: Dummy bringen, Ball bekommen. Zuletzt werden die Distanzen vergrößert. Tipp: Wirf die Ballbelohnung dann hinter dich, sodass der Ball in Laufrichtung des Hundes landet, das fördert zusätzlich schnelles Zurückkommen.

FEHLERQUELLEN

Das ist tatsächlich einer der gängigsten Fehler, die gemacht werden. Anstatt den Apport rückwärts aufzubauen und im Nahbereich mit Beute zu starten, wird es häufig immer noch so gemacht, dass die Beute einfach geworfen wird und der Hund wird geschickt. Zwei Dinge können hier passieren: 1. Der Hund rennt zur Beute, schnüffelt daran und lässt sie liegen oder 2. Der Hund rennt zur Beute, schnappt sie sich und haut damit ab. Beides ist suboptimal, da der Hund bei beidem etwas lernt, was wir nicht möchten. Bei ersterem Szenario berichten die Leute meist: „Ich hab es ausprobiert, das Apportieren ist nichts für den, das interessiert den nicht!" Dabei hat der Hund einfach nur nicht verstanden, was er tun soll. Bei zweiterem rennt häufig der Mensch dann noch hinterher, macht ein großes Gezeter, damit der Hund zurückkommt, und der Hund denkt sich: ‚Wow, wie cool – ich hau mit der Beute ab und bekomme dafür ganz viel Aufmerksamkeit von meinem Menschen.' Besonders schlaue Hunde machen daraus ein richtiges Fangen-Spiel und haben dabei den Spaß ihres Lebens während wir keuchend und schreiend hinterherrennen.

HUND GEHT MIT BEUTE STIFTEN

Natürlich kann es trotz aller Vorarbeit auch mal passieren, dass der Hund mit der Beute stiften geht. Das ist nicht schlimm, wichtig ist, dass du richtig reagierst! Mach kein großes Brimborium daraus, wenn der Hund mit dem Dummy abhaut. Die Beute sollte ohne dich immer nur halb so spannend sein als mit dir. Ignorierst du das Verhalten, bestätigst du es zumindest schon mal nicht ungewollt. Setzt du hier einen Abbruch, so muss er fruchten (wie eigentlich jeder Abbruch), denn sonst lernt der Hund nur, dass er eh machen kann, was er möchte und wir gerade keinen Einfluss darauf haben. Überlege dir also gut, WANN du in dieser Situation streng wirst: idealerweise wenn der Hund wieder in deinem Nahbereich ist und du besseren Zugriff hast. Eine mögliche Management-Maßnahme ist es, den Hund mit einer (besseren) Beute, die du bei dir immer wieder ruhig in die Luft wirfst, zu locken und gegen diese auszutauschen. Mach auch hier kein zu großes Gezeter! Ist der Hund schon mit dem Dummy abgehauen und dreht Kreise mit ihm, ist dies allerdings eine reine Maßnahme, um Schlimmeres zu verhindern und den Hund schnell wieder einzufangen. Es sollte in keinem Fall die Regel werden, dass du den Hund immer bestechen musst, um ihn zu dir zu locken! Kommt der Hund zwar mit dem Dummy zurück, sprintet aber dann im Galopp an dir vorbei – dreh dich NICHT mit deinem Hund mit! Bleib in der Position, in der du den Dummy haben möchtest, dorthin soll der Hund ihn auch bringen.

Video 3

Dein Hund bringt nicht gerne zurück und möchte Beute lieber für sich behalten? Im Video siehst du einen möglichen Trainingsansatz. →

KEIN GRAPSCHEN UND KEINEN DRUCK!

Wir Menschen haben die doofe Angewohnheit, dass wir immer sofort nach dem Dummy grapschen und ihn haben wollen – aus Angst, dass er auf den Boden fällt oder anderes Ungewolltes damit passiert. Das sorgt meist dafür, dass der Hund ungern zurückbringt, einfach weil das hektische, fordernde Verhalten unangenehm ist und sich nicht gut anfühlt. Lass deinen Hund die Beute lieber noch ein wenig halten! Reiß sie ihm nicht aus dem Maul, sondern freu dich, wenn er die Beute hält, und streichle ihn am Körper (zunächst nicht am Kopf), und das, ohne an die Beute zu wollen! Setze den Hund nicht von Anfang an unter zu viel Druck, was die Abgabe angeht – auch das ist eher hinderlich! Verlange nicht sofort ein strenges „Sitz" oder ein Einparken. Viel wichtiger ist, dass der Hund gerne bringt und dann bald auch in die Hand abgibt.

EIN PLACEBOARD KANN HELFEN

Einige Hunde geben den Dummy in relativ stressfreien Situationen problemlos ab, werden aber bei langen Distanzen fahrig, puschen sich hoch und kommen nicht mehr schön zurück und geben ab. Hier kann ein Placeboard eine schöne Stütze sein. Es gibt einen klaren Rahmen vor und hilft dem Hund dabei, immer wieder an denselben Ort zurückzukommen. Dieses sollte schrittweise aufgebaut sein, damit der Hund langsam lernen darf, dass es sich lohnt, darauf zu gehen, idealerweise darauf zu sitzen. Ebenfalls hilfreich ist das Placeboad beim separaten Training des Vorsitzes und Festhaltens des Dummys. Der Hund soll dabei sitzen und einen Gegenstand im Fang halten. Zwar ist der Vorsitz für die Dummy-Arbeit nicht nötig, es reicht ein sicherer Apport in die Hand, dennoch ist es sehr hilfreich und verbessert deine Abgabe enorm, wenn dein Hund einen zuverlässigen Vorsitz beherrscht. Denn hast du einmal keine Hand frei oder bist nicht schnell genug am Dummy, hat dein Hund gelernt, dass er sich einfach mit der Beute hinsetzen und auf dich warten kann. Das Risiko, dass der Dummy auf dem Boden landet (was für Prüfungen 0 Punkte bedeuten würde), ist also um ein Vielfaches reduziert. **Vorsicht:** Übe den Vorsitz mit Dummy am Anfang immer separat und zwinge ihn nicht ans Ende der Apportier-Sequenz! Tipp: Nutze beim Üben des Vorsitzes zunächst einen weichen, leichten Gegenstand, den der Hund gerne in den Fang nimmt. Der Hund soll die Beute so lange halten, auch wenn deine Hand schon an der Beute ist, bis dein Signal fürs Ausgeben kommt (z.B. „Aus", oder „Dead", bei mir heißt das „Dankeschön"). Dein Ausgabe-Signal ist von Anfang an im Training mit dabei, auch wenn dein Hund die Beute erst nur ganz kurz halten kann. Beim Abnehmen sagst du einfach direkt das Signal mit dazu. Schritt für Schritt soll der Hund immer länger und zuverlässiger halten, sich nicht von Händen am Dummy ablenken lassen, bevor nicht das Signal zur Ausgabe von dir kam. Klappt der Vorsitz super, kannst du Apportieren und Vorsitzen zusammenbauen - am besten zu Anfang mit einem kleinen Zwischenapport auf dich zu.

Kann dein Hund sitzen und einen Dummy halten? Eine hilfreiche Übung für deine sichere Abgabe! (Foto: Thore Brockhoff, 202.de)

Video 4

Im Video siehst du, wie du den Vorsitz mit Dummy auf dem Placeboard schrittweise trainieren kannst. →

Der Vorsitz mit Beute ist für den Hund als Beutegreifer zunächst einmal etwas gänzlich Unlogisches. Ein Fuchs etwa würde niemals auf die Idee kommen, sich mit seiner Beute hinzusetzen. Er trägt sie an einen sicheren Ort und verzehrt sie dort. Hinsetzen mit Beute ergibt für einen Beutegreifer keinen Sinn, es ist im Verhaltensspektrum nicht vorgesehen. Aus diesem Grund öffnet sich auch bei vielen Hunden automatisch der Fang, wenn sie sich hinsetzen, oder der Po geht nach oben, wenn sie Beute aufnehmen. Es ist ein Bewegungsablauf, den einige Hunde erst schrittweise lernen müssen.

Video 5

Nicht sicher, wie du deine Abgabe am besten gestalten möchtest? Im Video haben wir ein paar Vorschläge für dich! →

← Eine Abgabe in die Hand ist ausreichend, du solltest dir den Dummy dabei nicht in die Hand ‚plumpsen' lassen. (Foto: Thore Brockhoff, 202.de)

ZWISCHENAPPORTE

… sind eine tolle Möglichkeit, beim Hund das Zutragen und auch die Abgabe zu stärken. Beim Zwischnapport liegt die Beute zwischen dir und deinem Hund. Bevor ich den Hund von mir weg schicke zur Beute hin, wo die Gefahr relativ groß ist, dass er zur Beute rennt und damit abzwitschert, rufe ich ihn also zuerst in Richtung Beute auf mich zu. Auch neue Gegenstände (die im Zweifel sehr spannend sind und zum Klauen einladen oder auch schwierig aufzunehmen sind) oder Wild führe ich gerne mit Hilfe einiger Zwischanapporte ein. Arbeitest du mit deinem Hund gerade gezielt an einer schönen Abgabe, würde ich dir auch empfehlen, dazu kurze Zwischenapporte zu nutzen.

ES STARTET SCHON BEIM WELPEN

Am allerbesten ist es natürlich, wenn wir von Anfang an verhindern können, dass unser Hund das Bedürfnis entwickelt, Beute sichern zu wollen. Erkenne daher schon beim Welpen jedes Aufnehmen von Gegenständen als zukünfigte Apporte an und vermeide es, wann immer möglich, deinem Welpen gewaltsam etwas aus dem Fang zu nehmen. Schon von klein auf kann dein Hund lernen, dass es sich lohnt, dir aufgenommene Gegenstände zu zeigen. Ich mache von Anfang an kleine Tauschspielchen mit meinem Hund, in denen ich mir Gegenstände von ihm zeigen lasse, das (wenn nötig mit Futter) belohne und er in 90 % der Fälle diese aufgenommenen Gegenstände auch wieder zurückbekommt. Das ist ein absoluter Jackpot für den Hund, denn er bekommt für das Herzeigen Futter und seinen – zum Beispiel – heiß geliebten Tannenzapfen dann auch

Wie soll die Abgabe aussehen?

Es gibt viele Möglichkeiten, wie du deine (fertige) Abgabe gestalten kannst. Soll dein Hund vorsitzen? Soll er mit dem Dummy im Fang „einparken", also gleich wieder zu dir ins Fuß kommen, oder möchtest du einfach nur eine sichere Abgabe in die Hand? Vorab sei gesagt, dass in keiner Prüfungsordnung steht, wie der Dummy genau abgegeben werden muss, er sollte aber nicht auf dem Boden landen. Ungünstig ist es daher, wenn du dir den Dummy vom Hund in die Arme plumsen lässt. Hier reicht ein kleines Missverständnis zwischen euch beiden und zack liegt das Ding am Boden. Manche Hunde, die nicht gerne abgeben, kommen leichter mit dem Dummy ins Fuß, weil sie ihn dort noch einen Moment halten können – andere Hunde haben so viel Schwung, dass man sie lieber direkt vorne abgeben lässt, da sie sonst dazu neigen mit dem Dummy an einem vorbeizurauschen. Jede Variante hat ihre Vor- und Nachteile, entscheide selbst was sich für dich am besten anfühlt.

Wieviel Zwang braucht der Apport?

Wie bei jedem anderen Signal gilt auch beim Apport: Hat der Hund wirklich (!) ausreichend und in vielen verschiedenen Situationen mit unterschiedlichen Gegenständen verstanden, was beim Apport seine Aufgabe ist, kann ich das Verhalten (je nach Hund – einige sind da sehr nachtragend!) auch mit Nachdruck einfordern (was in der Regel bei einem sinnvollen Aufbau aber nicht nötig ist). Von einem grundsätzlichen Aufbau über Strafen oder unangenehmes körperliches Einwirken halten wir nichts.

direkt wieder zurück. Eine Win-Win-Situation, oder? Hat der Welpe dann einmal etwas aufgenommen, was für ihn potentiell gefährlich werden könnte (ein spitzer Stock oder ein Stück Glas), kann ich es ihm problemlos abnehmen, er bekommt wie gewohnt sein Futter, den gefährlichen Gegenstand lasse ich in diesem Fall dann aber heimlich verschwinden. Da der Welpe ja aber in 90 % der Fälle seine Beute zurückbekommt, sind die 10 %, in denen ich die Beute verschwinden lassen muss, gar kein Problem. Laufe ich hingegen ständig hinter meinem Welpen her und reiße ihm Dinge aus dem Fang, wird er lernen, mit der Beute grundsätzlich sehr schnell das Weite zu suchen oder – noch schlimmer – Dinge sehr schnell hinunterzuschlucken, was im Zweifel für den Welpen lebensgefährlich ist. Räume also zu Hause Dinge, die der Welpe nicht herumtragen soll, vorsorglich weg und freue dich über alle anderen Apportierversuche deines Hundes – egal, was da jetzt gerade apportiert wird!

Welpen nehmen häufig alles auf, was sie finden können – nutze dies zu deinem Vorteil!
(Foto: Thore Brockhoff, 202.de)

Der Stopp-Pfiff

(Foto: Thore Brockhoff / 202.de)

AUFBAU UND GRUNDSÄTZLICHES

Von Kristina

Haben wir den Stopp-Pfiff mit unserem Hund noch nie gemacht und starten frisch in das Training, sollten wir uns ein paar Überlegungen vor dem Training machen. Zuallererst: Welche Handlungen verstehen wir unter dem Stopp-Pfiff für die fertige Version? In der fertigen Version soll es so aussehen, dass der Hund – egal in welcher Entfernung und egal unter welcher Ablenkung oder in welchem Gelände wir unterwegs sind –, sobald er den Stopp-Pfiff hört, aus voller Bewegung stoppt und sich zu uns dreht. Ob der Hund beim Stopp-Pfiff stehen oder sitzen wird, ist ein wenig hundeabhängig, aber nicht vorgegeben in irgendeiner Prüfungsordnung (dazu später mehr.) Du solltest aber vorab die Entscheidung treffen, welches Verhalten du mit dem Stopp-Pfiff verbinden möchtest. Klassischerweise soll der Pfiff mit einer großen Erwartungshaltung in unsere Richtung aufgebaut werden. So wird die Reaktion des Hundes möglichst schnell und er lässt sich – trotz hoher Motivation, auf Beute zu treffen – noch davon überzeugen, etwas anderes zu tun, nämlich zu stoppen. Es ist sicherlich ein langer Weg, bis die fertige Handlung zuverlässig funktioniert, deshalb sollten wir im Kleinen anfangen und klären, was der Hund für die ersten Schritte tun sollte.

Wir gehen davon aus, dass der Welpe, der junge Hund oder der Quereinsteiger den Stopp-Pfiff bisher noch nicht gehört hat. Wenn wir ein neues Signal einführen wollen, steht an erster Stelle immer die Überlegung, wie ich den Hund dazu bringe, die Handlung zu zeigen, die ich später benennen oder mit einem Pfiff versehen möchte. Im Falle des Stopp-Pfiffs geht es zunächst darum, den Hund auf kleine Entfernungen dazu zu bringen, immer wieder zu verharren oder sich hinzusetzen. Wichtig hierbei ist noch, dass der Hund lernt, sich um 180 Grad zu drehen und gerade zu uns auszurichten.

Du kannst dieses Verhalten über verschiedene Möglichkeiten herbeiführen. Eine Variante ist es, das Ganze mit einem angetäuschten Beutewurf zu erzeugen und dann auch zu belohnen. Die Schwierigkeit hierbei ist, dass wir in dem Moment, in dem wir mit der Beute arbeiten, schon davon ausgehen sollten, dass der Hund unverzüglich mit Beute immer zu uns zurückkommt. Gerade junge Hunde, die Beute gerne sichern und nicht zu 100 Prozent sofort mit Beute zu uns zurückgelaufen kommen, sind Trainingskollegen, mit denen du erst noch warten solltest, bevor du dieses Verhalten mit Beute aufbaust, bestätigst oder weiterführst.

Was sich in diesem Fall eher anbietet, ist das Formen des Verhaltens über Futter. Das Futter, das du verwendest, sollte eine gewisse Größe und Schwere haben. Verwende bitte keine dünnen Kekse, die extrem leicht sind! Zu groß sollten sie auch nicht sein, denn wir möchten den Hund damit mehrmals hintereinander belohnen können. Sie sollten, auf den Boden geworfen, vom Hund gut sichtbar sein. Es eignen sich beispielsweise gewürfelter Käse oder getrocknete Fleischstücke. Ganz wichtig ist, dass du mit dem Futter zielgerichtet werfen kannst.

Dann suchst du dir einen Untergrund, der möglichst wenig Ablenkungen beinhaltet – idealerweise nicht Wiese oder Waldboden, sondern eine saubere Terrasse oder einen asphaltierten Weg, denn der Hund muss die Leckerlis dort schnell finden können! Nun versuchen wir mit Hilfe des Futters das Verhalten zu erzeugen, das wir auf den Stopp-Pfiff hin benötigen. Die Pfeife brauchst du dafür noch nicht – sie kommt erst hinzu, wenn wir das Verhalten mithilfe der Leckerlis sicher erzeugen können. Du machst also Folgendes: Nimm deine Hand nach oben und wirf deinem Hund ein Stück Futter zu, um ihn auf

(Foto: Thore Brockhoff, 202.de)

Distanz zu bringen! Hat er das Futterstück gefressen, wirfst du direkt ein zweites nach! Er soll lernen, dass er dort – von dir weg – bestätigt wird. Hierzu würde ich dir auch empfehlen, immer eine Freigabe zu nutzen. Auch wenn der Hund so oder so losspringen würde, ist es immer galanter, das Ganze in einen Wie-gewollt-Ablauf zu verpacken. Du kannst beispielsweise das Wort „okay", „frei" oder „Hol es dir" sagen. Ich mache dies gerne, auch weil ich von meinem jungen Hund nicht möchte, dass er ungefragt Futter vom Boden aufnimmt.

Im nächsten Schritt geht es ums Verharren. Nimm also wieder die Hand mit dem Leckerli nach oben und tu einmal so, als würdest du werfen! Versuche dich dabei körpersprachlich groß zu machen, die Hand vielleicht etwas nach vorne zu strecken und dennoch damit oben zu bleiben! Dabei produzierst du einen Moment, in dem dein Hund vielleicht etwas verwundert ist, aber stehen bleibt oder sich sogar hinsetzt. Das bestätigst du direkt verbal und wirfst dem Hund das Futter zu. Wirf das Leckerchen zum oder knapp hinter den Hund! Er soll auf Distanz bleiben und in keinem Fall Schritte in deine Richtung machen.

Im ersten Step bestätigst du den Hund sofort für ein Verharren im „Steh" oder „Sitz". Belohnen wirst du es in dem Fall aus der Hand, die nach oben gehalten wurde. Das ist ganz wichtig, denn dein Hund soll lernen, dass deine Hände etwas für ihn bereithalten. In diesem Step ist das Futter oder vielleicht auch eine Beute, im späteren Trainingsverlauf werden wir dem Hund mit unseren Händen eine Richtung anzeigen. Der Hund lernt so Schritt für Schritt, dass sich ein Blick auf deine Handflächen lohnt! Habe ich diesen ersten Schritt mehrmals belohnt, so kann ich, wenn ich die Handlung des Verharrens hierdurch immer wieder auslösen kann, auch beginnen, meinen Stopp-Pfiff mit dazu zu nehmen. Setze den Stopp-Pfiff immer unmittelbar bevor die Handlung (das Stoppen) ausgeführt wird.

Video 6

Im Video siehst du die ersten Trainingsschritte zum Stopp-Pfiff mit Labrador Welpe Percy. →

Vorsicht: Häufig wird bei dieser Übung ein großer Fehler gemacht: Manche versuchen hier den Hund tatsächlich bereits auf das Leckerli zu stoppen. Das ist aber gar nicht Sinn der Sache! Der Hund weiß ja noch gar nicht, wie ein Stopp funktioniert und was es bedeutet. Es geht hier nur darum, die Handlung des Stoppens (bzw. Verharrens) überhaupt erst einmal zu erzeugen! Bitte beachte das unbedingt bei deinem Training!

(Foto: Thore Brockhoff, 202.de)

Der Stopp-Pfiff ist nicht genormt, du kannst dir deinen ganz persönlichen Stopp-Pfiff aussuchen. Er sollte von der Intonation her etwas sein, was im späteren Verlauf den Hund aus voller Action aufhorchen, zu dir drehen und verharren lässt. Nutze einen sehr klaren Pfiff, sodass das Umschwenken aus Bewegung zur Ruhe, zum Stopp, und zum Einhalten einer kurzen Pause direkt als Signal in dieser Form gelernt wird. Hierbei ist auch wichtig, dass dieser Pfiff immer gleich klingt. Oft erlebe ich, dass Menschen in dem Moment, in dem sie dem Hund etwas beibringen, also sehr nahe beim Hund stehen, den Pfiff sehr dünn und zart durch die Pfeife bringen, weil der Hund so dicht neben ihnen sitzt. Ganz dünn und zart aus der Pfeife getrötet, klingt ein Stopp-Pfiff aber dennoch völlig anders als das, was du später als Stopp-Pfiff von dir gibst, wenn dein Hund 150 Meter von dir entfernt ist. Nutze also die volle Frequenz der Pfeife von Anfang an und mit jedem Signal.

Dies ist eine Möglichkeit, um mit dem Hund eine positive Verknüpfung mit dem Stopp-Pfiff zu etablieren. Sie verlangt vom Hund, dass er futtermotiviert ist, und sie verlangt von dir ein wenig gezieltes Werfen, um den Hund auf Entfernung zu bringen und dann auch auf Entfernung zu belohnen. Der Vorteil: Dein Hund muss für diese Übung noch nicht apportieren können. Bei allem, was du tust, möchtest du nur EINE Baustelle bearbeiten und nicht an mehreren herumdoktern. Wenn du dich mit einem Trainings-Newbie auf das Stoppen konzentrierst, möchtest du nicht, dass noch weitere Themen hinzukommen und du vielleicht noch mit deinem Hund in eine Diskussion gerätst. Es geht nur darum, dem Futter zu folgen, die Aufmerksamkeit in deine Richtung zu schulen und die Erwartungshaltung an dich entsprechend hoch werden zu lassen.

WENN DER HUND NICHT ZUVERLÄSSIG STOPPT

Von Vroni

Ein zuverlässiges Stopp-Signal ist für die Dummy-Arbeit unabdingbar. Dafür sollte das Stopp-Signal richtig aufgebaut sein. Mit dem Stopp-Pfiff muss eine hohe Erwartungshaltung, ein unfassbar gutes Gefühl und viel Action verknüpft sein. Später ist der Hund unterwegs in Richtung eines sehr spannenden Reizes, hat also echt was vor, und er soll auf einen kurzen Pfiff hin dennoch freudig stoppen, sich uns zuwenden und weitere Instruktionen erwarten – das braucht die richtige Einstellung im Hund. Dies ist auch deshalb nötig, weil der Hund beim Dummy-Training sehr weit von uns weg arbeitet, und wir wissen alle: je weiter die Entfernung, desto schwieriger die Kontrolle.

(Foto: Thore Brockhoff, 202.de)

Nachdem mit dem Keks-Wurf-Spiel die Grundlagen zum Stoppen geschaffen werden, nutze gerne den Ball, um das Stoppen so aufregend wie möglich zu gestalten. Was der Hund dabei lernt: Wenn der Stopp-Pfiff ertönt, bekomme ich meinen Lieblingsball (alternativ: Lieblingsspielzeug etc.) ins Gesicht geworfen. Hat er das verstanden, stoppt er automatisch und dreht sich um, sobald der Pfiff ertönt. Warum weiterlaufen – der Hund weiß ja, dass die Belohnung zu ihm geflogen kommt. Und hier sind wir auch schon bei Fehler Nummer 1 und dem häufigsten Fehler beim Stopp-Pfiff: Der Hund wird nicht an Ort und Stelle belohnt.

Belohne deinen Hund dort, wo er stoppt!

Belohnen wir den Hund nach dem Stoppen immer bei uns, wird er schnell nach dem Stopp selbstständig den Weg in unsere Richtung antreten – ein Verhalten, das wir nach dem Stoppen überhaupt nicht gebrauchen können. Der Hund soll schließlich draußen bleiben, um motiviert den Dummy zu suchen. Heranholen ist immer viel einfacher, denn da hat der Hund ja ein Ziel (dich). Den Hund weiter weg zu schicken, gestaltet sich wesentlich schwieriger, vor allem dann, wenn der Hund nicht weiß, wohin es gehen soll. Ich möchte also in keinem Fall, dass der Hund von sich aus auch nur ein paar Schritte in meine Richtung macht. Lösung: Belohne den Hund grundsätzlich immer genau dort, wo er auch gestoppt hat! Wirf seinen Belohnungs-Ball nicht drei Meter vor ihn, sondern idealerweise immer direkt zum Hund (oder hinter den Hund)! Nutzt du Futter zur Belohnung, bring es deinem Hund an die Stelle, an der er gerade verharrt. Alles andere führt dazu, dass dein Hund sich aus seiner Stopp-Position heraus noch einmal bewegen wird, um schneller an seine Belohnung zu kommen. Dein Hund ist zu weit weg, als dass du es mit einem Ballwurf noch erreichen könntest? Mache Folgendes: Nimm den Ball in deine Hand und halte ihn nach oben, als ob du ihn werfen würdest! Laufe dann in schnellem Schritt in Richtung deines Hundes, bis zu einer Wurfentfernung, die du schaffst! Der Ball in deiner Hand verhindert, dass der Hund sich bewegt (er denkt ja, du wirfst ihm gleich den Ball).

Trenne Alltags-Stopp und Stopp-Pfiff

Bei mir gibt es zudem eine klare Trennung zwischen Alltags-Stopp und Stopp-Pfiff. Warum? Ganz einfach: weil das Gefühl, das ich konditioniere, ein anderes ist. Im Alltag möchte ich, dass meine Hunde auf das Stopp-Signal hin an Ort und Stelle verharren und sofort aufhören zu tun, was auch immer sie gerade tun. Es ist ein klarer Abbruch. Dabei ist es mir egal, ob sie sitzen, stehen oder einen Kopfstand machen, und es ist mir auch egal, in welche Richtung sie schauen. Gerade wenn ich meine Hunde bei Wildsichtungen stoppe,

Video 6.1

Mal was anderes? Klaro! Im Video zeigen wir dir eine ungewöhnlichere Variante, wie du sicheres Stoppen üben und festigen kannst. →

fällt es ihnen meist leichter zu stoppen, wenn sie das Wild dabei noch beobachten können. Nach einem Stopp-Signal im Alltag folgt meist ein Anleinen oder zumindest eine kurze Unterbrechung. Es bezeichnet in jedem Fall das Ende einer Verhaltenssequenz. Ganz anders verhält es sich mit dem Stopp-Pfiff, den ich zwar im Alltag immer wieder abfrage und hochwertig belohne, aber nicht zum aktiven Stoppen z. B. bei Gefahr (Straße, Auto, Radfahrer) oder Wildsichtungen einsetze. Mein Stopp-Pfiff ist der Dummy-Arbeit vorbehalten. Er ist mit einer sehr hohen Erwartungshaltung (Ball) aufgebaut und bezeichnet nie das Ende eines Verhaltens. Der Stopp-Pfiff ist stets eine Hilfestellung auf dem Weg zur Beute – egal, ob die Beute direkt kommt oder erst nach ein wenig Handling – am Ende steht nach dem Stoppen immer ein Beute-Erfolg. Und: Beim Stopp-Pfiff ist es unbedingt notwendig, dass mein Hund sich zu mir umdreht. Nur so kann er die weiteren Signale (rechts, links, back) von mir überhaupt wahrnehmen. Ein zusätzlicher Vorteil: Wir neigen oft dazu, unsere Alltags-Signale so zu nutzen, dass sie sich schnell abnutzen. Das heißt: Wir setzen sie nicht konsequent um, werden schludrig und der Hund reagiert immer schlechter darauf. Durch die Trennung kann ich darauf achten, dass mein Stopp-Pfiff ein hochwertig belohntes und beliebtes Signal bleibt.

Stopp-Pfiff bedeutet nicht: „Das war falsch"

Auch bei der Dummy-Arbeit solltest du darauf achten, wann und wie du deinen Stopp-Pfiff einsetzt. Zu gerne wird es

(Foto: Thore Brockhoff, 202.de)

(Foto: Thore Brockhoff, 202.de)

so gehandhabt, dass der Hund mit dem Stopp-Pfiff korrigiert wird. Ich möchte aber negative Verknüpfungen mit dem Pfiff vermeiden. Der Stopp-Pfiff sollte bei jungen und unerfahrernen Hunden nicht bedeuten: „Das hast du falsch gemacht!" oder „Du bekommst keine Beute!", denn spätestens wenn der Hund dann weit genug von mir weg ist und zu nah an der Beute, zeigt er mir den Stinkefinger. Stoppen soll für den Hund einfach maximal toll sein, sodass er es schnell, präzise und freudig ausführt. Korrigiere deinen Hund also lieber mit der Stimme, wenn er etwas falsch macht, und gehe nicht das Risiko ein, dass dein Hund die Korrektur mit deinem Stopp-Pfiff verknüpft! (Auch hier bestätigen Ausnahmen die Regel – sehr weiche Hunde, die durch eine stimmliche Korrektur schnell verschreckt sind, lassen sich positiver durch Stoppen abbrechen um einen neuen Versuch zu starten).

Der Hund stoppt trotz positivem Aufbau nicht, wenn Beute ins Spiel kommt? Hier lohnt sich ein schrittweiser Aufbau, damit der Hund wirklich versteht, was du von ihm willst. Eine Idee bekommst du im Video:

Video 7

Dein Hund stoppt gut, du weißt aber nicht, wie du den Stopp-Pfiff in die Dummy-Arbeit einbauen kannst? Im Video zeigen wir dir, wie es klappt. →

Bremsen? Keine Zeit! Vor allem unterwegs in Richtung Beute, fällt es so manchem Vierbeiner schwer zu stoppen. (Foto: Thore Brockhoff, 202.de)

Außerdem darfst du natürlich gerne aktiv werden und die Umsetzung des Pfiffs einfordern. Ein positiver und freudiger Aufbau heißt nicht, dass du ab einem bestimmten Zeitpunkt (!) das Gelernte nicht auch einfordern kannst. Häufig erlebe ich es in meinen Trainings, dass Menschen den Stopp-Pfiff loslassen, der Hund nicht stoppt und die Menschen stehen da und ziehen die Achseln hoch: „Der stoppt nicht!" – „Das seh ich - TU WAS!" Natürlich ist es so, dass (wie mit jedem anderen Signal auch) je öfter der Hund die Lernerfahrung sammelt, den Stopp-Pfiff ignorieren zu können, desto öfter er das auch tun wird. Deswegen: Steh nicht tatenlos rum! Schrei ein „Stopp" oder „Sitz" hinterher (und setze es durch!) oder mach dich schleunigst auf den Weg zu deinem Hund! Der Dummy sollte zusätzlich gesichert werden, damit der Hund hier keine Beute machen kann. Und frage dich in solchen Situationen immer: Warum ist das passiert? Hat der Hund wirklich schon sicher und in jeder Situation auf dem Schirm, was der Stopp-Pfiff bedeutet? War die Übung vielleicht zu schwer? Oder ist der Hund tatsächlich ungehorsam? ‚Ich kann nicht' und ‚Ich will nicht' ist ein himmelweiter Unterschied.

Der Pfiff sollte sich absetzen und immer gleich sein

Häufig erlebe ich zudem, dass der Stopp-Pfiff an sich entweder viel zu leise ist, zu wenig energisch ist, anderen Pfiffen zu sehr ähnelt oder – mein Favorit unter den Pfiff-Fehlern – einfach vom Menschen so lange am Stück gepfiffen wird, bis der Hund stoppt/sich hinsetzt. So fällt der Pfiff immer unterschiedlich lange aus und ist nie gleich, was natürlich für den Hund schwer zu verstehen ist. Wir wollen den Pfiff konditionieren und quasi eine automatisierte Reaktion des Hundes erreichen. Dazu muss dieser Pfiff immer gleich klingen! Es ist egal, wie lange dein Hund braucht, um zu stoppen, dein Pfiff ist immer gleich. Schiebe dann im Zweifel lieber noch ein verbales Signal hinterher, damit der Hund zügiger stoppt, und trainiere das schnelle Stoppen noch einmal separat.

Vorsicht bei „voran" & stoppen

Was du in meinen Trainings nur wenig sehen wirst, ist das Stoppen auf ein Voranschicken. Zu schnell passiert es, dass der Hund anfängt, zögerlich rauszugehen, zu fragen oder nur noch gehemmt zu starten. Vor allem bei Hunden, die nicht so viel Gehfreude mitbringen, machen wir hier schnell das freudige Vorangehen wackelig. Später brauchen wir es dann natürlich zwangsläufig und müssen unseren Hund öfter auch mal aus dem Voran stoppen, im Aufbau möchte ich aber in keinem Fall, dass der Hund mit meiner Einweisehand auch nur annähernd etwas Blockierendes in Verbindung bringt. Die Hand nach vorne und das Voran-Signal sollen bedeuten: Jetzt Vollgas geradeaus, denken später! Egal ob da ein Wald ist, ein Busch, ein Bach, ein Zaun - der Hund soll ohne zu fragen rennen und jedes Hindernis nehmen. Ein Stopp hat hier erst einmal keinen Platz! Die Verbindung „Voran & Stopp" ist im Training meiner Meinung nach aber auch gar nicht nötig! Ich kann immer eine Markierung/eine geworfene Beute nehmen (ein deutlicher, sichtbarer Reiz) und den Hund darauf stoppen. Das Risiko, dass der Hund bei einer Markierung anfängt zu zögern oder zu fragen, ist wesentlich geringer als beim „Voran". Achte dennoch im Training darauf, dass der Hund zwischendrin die Markierung auch immer mal einfach so holen darf! Alternativ kann ich die Übungen auch so gestalten, dass der Hund auf mich zuläuft, woraufhin ich ihn stoppe und dann in eine andere Richtung schicke. Somit umgehe ich dieses Problem komplett.

(Foto: Thore Brockhoff, 202.de)

(Foto: Thore Brockhoff, 202.de)

Stoppen & warten

Ein weiterer wichtiger Punkt, der gerne vergessen wird: Hast du deinen Hund gestoppt, dann warte erst einmal eine Weile, bevor du ihm sein nächstes Signal gibst. Natürlich lassen wir ihn hier nicht eine halbe Stunde lang in der Wiese stehen oder sitzen, aber du solltest innerlich mindestens bis 3 zählen, bevor du ihn weiterschickst. Warum das Ganze? Wenn du deinen Hund schickst, hat er eine gewisse (eigene) Idee davon im Kopf, wo er hin soll. Sinn und Zweck des Stoppens ist es ja aber, eine Richtungskorrektur vorzunehmen. Gib deinem Hund also genug Zeit, damit er sich von seiner ursprünglichen Idee verabschieden kann. Selten bis gar nicht stoppe ich im Training meinen Hund und schicke ihn dann doch weiter auf die ursprüngliche Stelle, einfach weil ich diesen Ablauf später kaum brauchen werde. Viel eher folgt nach einem „Stopp" ein „Rüber" oder ein Suchen-Pfiff. Wüsste der Hund genau, wo es hingeht, müsste ich ihn dafür nicht stoppen.

SITZEN ODER STEHEN BEIM STOPP-PFIFF

Von Kristina

Sitzen oder stehen? Das ist die große Frage. Der eine redet vom Stopp-Pfiff, der andere vom Sitz-Pfiff – hier wird schnell klar, dass es den ein oder anderen Knoten im Kopf geben kann, wenn du neu in der Materie bist. Es ist nirgendwo festgeschrieben, dass dein Hund für die Dummy-Arbeit beim Stoppen sitzen müsste. Von daher spreche ich persönlich lieber vom Stopp-Pfiff, denn nichts anderes heißt es für mich: stoppen, umdrehen, zu mir schauen, bereit für das nächste Handling.

Hier gibt es gerne den gut gemeinten Ratschlag, dass der Hund besser sitzen sollte, sonst würde er zu schnell einspringen. Aber liegt es wirklich am Sitzen oder vielleicht eher am Aufbau des Signals, ob der Hund einspringt oder nicht? Gibt es für den Hund eine klare Abfolge? Wenn dein Hund aus dem Stopp das nächste für sich Logische tut, heißt es nicht, dass er automatisch einspringt. Der Aufbau und die weiter verlaufende Ausbildung, was dieses Signal betrifft, könnte für den Hund nicht richtig klar sein. Ich stelle es mir so vor, dass meine Signalgebung von Signal zu Signal funktioniert. Habe ich also den Stopp-Pfiff gegeben, gilt der so lange, bis ich das nächste auftrainierte Signal gebe. Dies gilt für beide Varianten! Ob dein Hund sitzt oder steht, ist nicht automatisch eine Bedingung dafür, dass er schneller einspringt oder ein Signal missachtet. Ein Hund kann genauso gut lernen, an einem Fleck stillzustehen, bis er die nächste Anweisung erhält, wie er es im Sitzen kann. Du musst für euch als Team entscheiden, was genau du möchtest, und dieses exakt auszuführen, sollte für dich als Regel gelten. Möchtest du, dass dein Hund im Stopp-Pfiff sitzt? Schaue, dass du dies jedes Mal von klein auf entsprechend formst, später weiter förderst und auch einforderst!

Habe im Kopf, dass es Hunde gibt, die aus verschiedenen Gründen das Hinsetzen auf den Stopp-Pfiff weniger gerne machen als andere! Das Längenverhältnis der Gliedmaßen zum Rumpf und des Halses zum Rumpf kann wenig günstig dafür sein, sich bei jedem Stopp-Pfiff sofort hinzusetzen. Sitzen erfordert deutlich mehr energetischen Aufwand für den Körper aus dem vollen Lauf heraus und beansprucht verschiedene Strukturen deutlich intensiver als stehenzubleiben. Das heißt, physiologisch kann es für einen Hund sehr viel leichter sein stehenzubleiben, gerade wenn es über einen längeren Zeitraum geht. Es spricht also nichts dagegen, dass dein Hund den Stopp-Pfiff im Stehen ausführt.

(Foto: Thore Brockhoff, 202.de)

Was am und im Wasser wichtig ist

Wassertraining gehört definitiv zur Dummy-Arbeit mit dazu, denken wir nur an die Jagd auf Enten oder Gänse. Wichtig ist dabei vor allem die Ruhe am Wasser, aber auch ein schnelles und unproblematisches Annehmen des Wassers sowie eine sichere Abgabe, ohne dass der Hund den Dummy ablegt oder sich schüttelt. Beim Start in die Wasserarbeit solltest du daher unbedingt einige Dinge beachten. Wasser ist ein Element, das in der Regel den Retrievern in die Wiege gelegt ist. Sie lieben es und können sich nichts Schöneres vorstellen, als in jedem noch so kleinen Wasserloch rumzutoben, ganz egal bei welchen Temperaturen. So sind viele Rassevertreter, aber eben nicht alle. Manchmal bedarf es auch einer schrittweisen Gewöhnung ans Wasser.

← Vor dem ersten Wasser-Training steht eine schrittweise Gewöhnung ans kühle Nass. (Foto: Thore Brockhoff, 202.de)

AUF LOS GEHT'S LOS

Idealerweise lässt du dir solange Zeit, bis die Temperaturen wieder etwas wärmer sind! Wir möchten, dass der erste Kontakt mit Wasser für deinen Hund möglichst angenehm ist – und: Du solltest die Möglichkeit haben, dich zusammen mit deinem Hund ins Wasser zu begeben.

»Die erste Regel beim Start ins Wassertraining lautet:
Wirf keine Beute ins Wasser!
Die zweite Regel beim Start ins Wassertraining lautet:
WIRF KEINE BEUTE INS WASSER!«

(Foto: Thore Brockhoff, 202.de)

(Foto: Thore Brockhoff, 202.de)

Unser Ziel bei der Dummy-Arbeit ist es, dass der Hund später das Wasser entspannt und ohne zu zögern annimmt, auch ohne Beutereiz auf dem Wasser, denn ich möchte den Hund auf Blinds (nicht sichtig ausglegte Dummys) über Wasser schicken können. Wasser soll ein Gelände sein wie jedes andere Gelände auch. Egal also, ob du deinen Hund später durch Wiesen, Wald, Büsche, Sümpfe oder Wasser schickst - es soll keinen Unterschied machen. Zum anderen führt Wasser bei vielen Hunden schnell zu einer hohen Erregungslage, wenn sie ständig mit Beute konfrontiert werden, die auf die Wasseroberfläche platscht. Lass deinen Hund das Wasser also ganz entspannt und ungezwungen kennenlernen, geh mit ihm hinein und schwimmt gemeinsam eine Runde, oder besorge dir eine Wathose! Ein einfacher, seichter Einstieg, der erst langsam tiefer wird, kann zusätzlich hilfreich sein. Und ja – es ist nicht leicht, ein passendes Gewässer zu finden, an dem man dann auch noch mit seinem Hund üben darf! Dazu sei gesagt: möchtest du ernsthaft Dummy-Arbeit betreiben, wirst du nicht drumherum kommen, einige Kilometer auf dich zu nehmen – sei es für Trainings bei Experten, für Prüfungen oder eben auch für das ein oder andere gute Gelände. Gerade beim Wasser lohnt es sich, dafür auch mal ein Stück weiter zu fahren als sonst. Es gibt inzwischen sogar Indoor-Pools für Hunde, wo du in aller Ruhe üben kannst, oder spezielle Hundehotels, die einen Hundepool oder Hundeteich vor Ort haben.

ERST GEWÖHNUNG, DANN TRAINING

Geht dein Hund gerne und problemlos ins Wasser, ist ein guter Schwimmer und apportiert sicher an Land? Dann erst starten wir die Apportier-Arbeit am Wasser! Idealerweise gibt es auch hier noch nicht sofort ein Platschen aufs Wasser, sondern ein Überwinden des Wassers auf dem Weg zum Dummy. Wir schicken den Hund also zunächst über ein (schmales) Gewässer. Klappt das gut und die Erregungslage ist im Rahmen, darf es auch mal Platsch machen. Es ist leichter, wenn der Hund den Wassereinstieg hier bereits kennt. Geh mit ihm ganz nach vorne ans Ufer und wirf den Dummy nicht allzu weit! Beim ersten Mal darf der Dummy direkt geholt werden, übe dann das Abwenden vom spannenden Platscher! Beim zweiten Mal wirfst du den Dummy also wieder ins Wasser, läufst dann aber erst im Fuß mit deinem Hund einige Schritte vom Wasser weg und wieder aufs Wasser zu. Nutze zu Anfang hier gerne eine hochwertige Belohnung! Damit fällt es dem Hund leichter, sich abzuwenden und der Frust hält sich in der Regel in Grenzen. Die Fußarbeit hat gut geklappt? Super, dann darf dein Hund jetzt den Dummy aus dem Wasser holen.

(Foto: Thore Brockhoff, 202.de)

(Foto: Thore Brockhoff, 202.de)

DIE ABGABE AM WASSER KLAPPT NICHT

Eine sichere Abgabe an Land ist immer Grundvoraussetzung für die Arbeit im Wasser. Klappt die Abgabe an Land schon nicht zuverlässig, wird sie noch viel weniger klappen, wenn Wasser im Spiel ist. Grundsätzlich ist es normal, dass der Hund das Bedürfnis hat, sich zu schütteln, wenn er aus dem Wasser kommt. Leider ist für die Dummy-Arbeit aber unbedingt notwendig, dass der Hund den Dummy in jedem Fall immer in die Hand abgibt (einfach weil eine geflügelte oder nur verletzte Ente – und wir gehen ja immer davon aus, dass der Dummy für echte Beute steht – im Zweifel flüchten könnte, aus Tierschutzgründen aber sofort erlegt werden muss). Häufig geht es bei nicht zu tiefem Wasser noch einigermaßen, spätestens aber wenn Wasser in die Ohren kommt, ist es bei vielen Hunden aber vorbei – der Dummy wird abgelegt und der Hund schüttelt sich. Ziel beim Trainieren der Abgabe am Wasser ist es, das Schütteln 1. so lange wie möglich nach hinten hinauszuzögern und 2. unter Signalkontrolle zu bringen. Am besten klappt das mit dem guten alten Fett aus der Tube (Leberwurst-Tube). Starte damit, dass du dem Hund den Dummy noch im Wasser abnimmst – also ab in die Gummistiefel! Der Ablauf ist wie folgt: Dummy abnehmen, Leberwurst-Tube schnell andocken, noch bevor der Hund darüber nachdenkt, sich zu schütteln, Hund mit der Tube an Land führen, Leberwurst-Tube abdocken und Signal zum Schütteln geben (z. B. „Shake"). Das Ziel ist, dass der Hund lernt: „Je länger ich es aushalte, mich nicht zu schütteln, desto mehr Belohnung bekomme ich!" und „Ich darf mich erst schütteln, wenn mein Mensch mir das Signal zum Schütteln gibt!" Nach dem Schütteln wird der Hund nicht belohnt, zum einen, weil es selbstbelohnend ist (es fühlt sich für den Hund gut an), zum anderen, weil der Hund ja lernen soll, dass es sich lohnt sich NICHT zu schütteln. Haben wir also am Ende einen Hund, der sich in der Arbeit gar nicht schütteln möchte – umso besser! Hier lohnt es sich auch immer, die Erregungslage im Auge zu behalten, da diese in der Regel direkt im Zusammenhang damit steht, ob der Hund gerade Futter annehmen kann oder nicht.

Manchen Hunden verhilft auch eine schnell geworfene Beutebelohnung zur richtigen Abgabe am Wasser. Auch hier starte ich damit, dem Hund den Dummy im Wasser abzunehmen und werfe dann schnell zum Beispiel einen Ball nach hinten an Land. Auch hier wird verhindert, dass der Hund sich schüttelt, er hat dabei aber nicht unbedingt verstanden, dass er das nicht tun soll. Dennoch – übe ich den Ablauf so oft genug, habe ich eine gute Chance, dass das Schütteln nicht auftritt und sich so auch nicht generalisieren wird. Du merkst schon, das Training wird hier vor allem so gestaltet, dass das Schütteln möglichst nicht auftritt – aus einem ganz einfachen Grund: Hat der Hund sich bereits geschüttelt, kann ich nichts mehr dagegen tun. Der Hund hat sich mit dem Schütteln selbst belohnt, weiß im Zweifel gar nicht, warum wir ihn nun schimpfen, und bringt es im blödesten Fall mit dem Zurückbringen des Dummys in Verbindung. Eine strengere Erinnerung ist nur dann möglich, wenn der Hund den Dummy noch im Fang hat und wir ihm ansehen, dass er gerade kurz davor ist, sich schütteln zu wollen.

Beide der vorgeschlagenen Trainingsansätze starten mit einem Menschen, der im Wasser steht und dort den Dummy abnimmt – einfach weil wir hier die besten Chancen haben, dass der Dummy auch wirklich in unserer Hand landet. Wenn es hier schon hapert, versuche Folgendes: Kommt dein Hund mit dem Dummy aus dem Wasser zurück – renn weg! Die Bewegung hindert deinen Hund am Schütteln. Eine weitere Strecke nach dem Wasser zu rennen, kann manchen Hunden (vor allem die, die gerne rennen) auch davon abhalten, sich direkt nach dem Wasserausstieg zu schütteln.

Die korrekte Abgabe am Wasser stellt einige Teams vor eine Herausforderung.
(Foto: Thore Brockhoff / 202.de)

KREATIVE ÜBUNGSFORMEN

Du brauchst nicht immer unbedingt ein Gewässer, um deine Abgabe am Wasser zu üben. Sei kreativ und übe zu Hause mit deinem Hund! Hast du ihn zum Beispiel gerade abgeduscht, dann lass ihn einen Dummy halten – und zwar so lange, bis du ihm diesen wieder abnimmst und ihm erlaubst, sich zu schütteln. So kann der Hund erfahren, dass er in der Lage ist, es auszuhalten, einen Dummy (oder anderen Gegenstand) festzuhalten, obwohl er das Bedürfnis hat, sich zu schütteln. Klappt das nicht, schalte einen Schritt davor, indem du ihn – ohne dass Beute im Spiel ist – einfach richtig lange dafür belohnst, dass er sich nach dem Abduschen nicht schüttelt! Wirkungsvoll, aber auch ein wenig fies ist die folgende Methode: Gib deinem Hund einen Gegenstand in den Fang und kitzle ihn dann in den Ohren (das löst in der Regel beim Hund das Bedürfnis aus, sich zu schütteln)! Schafft er es, das Kitzeln auszuhalten und die Beute trotzdem festzuhalten, gibt es daraufhin eine große Belohnung! Achte bitte hier sehr darauf, dass du nicht mit zu viel Druck arbeitest und deinem Hund das Festhalten nicht vermadest – schließlich führen wir ihm mit dem Kitzeln im Ohr etwas ziemlich Unangenehmes zu.

Was du nicht tun solltest

Nicht selten bauen wir uns selbst Baustellen ins Training, indem wir im Alltag nachlässig sind. Achte also bitte unbedingt auch im Alltag darauf, dass du deinem Hund nicht unkontrolliert Dinge ins Wasser wirfst, die er dann beim Schütteln am Ufer liegen lässt! Wenig sinnvoll ist es außerdem, den Hund ständig so schnell wie möglich aus dem Wasser zu pfeifen, wenn er Beute hat. Das mag gutes Management sein und in der Prüfung sicherlich hilfreich – nicht aber im Training! Denk immer daran, dass dein Pfiff kein Verhalten kreieren wird. Im schlimmsten Fall führt es dazu, dass dein Hund das Pfeifen irgendwann mit Schütteln verknüpft, wenn es häufig genug hintereinander auftritt. Nutze dazu besser motivierende Worte und vielleicht ein Spielzeug, das deinen Hund dazu animiert, schnell zurückzukommen! Achte zudem darauf, dass dein Hund keine Mög-

Abgabe am Wasser üben ohne Beute

Klappt das bei dir alles wirklich überhaupt nicht und dein Hund hat immer sofort das Bedürfnis, sich zu schütteln, übe den Ablauf, den du später benötigst, erst einmal ohne Beute! Zum Beispiel: Dein Hund kommt aus dem Wasser, du dockst bei ihm direkt die Leberwurst-Tube an, um zu verhindern, dass er sich schüttelt, führst ihn an Land und gibst ihm dort das „Schüttel"-Signal. Hat er diesen Ablauf verinnerlicht, wird es ihm später auch mit Beute deutlich leichter fallen, sich nicht zu schütteln. Diesen Ablauf kannst du übrigens auch schon mit dem jungen Hund so beginnen, denn du brauchst dazu keine Beute!

lichkeit dazu hat, den Ablauf ,Dummy ablegen und Schütteln' immer wieder einüben zu können! Klappt es bei euch noch nicht so gut, dann arbeitet gezielt daran und übe sonst erst einmal nichts mit Beute am Wasser! Schnell etablieren sich Rituale, die nur schwer wieder aufzubrechen sind.

HUND NIMMT DAS WASSER NICHT AN

Viele Hund haben Probleme mit unterschiedlichen Wassereinstiegen. Sie trauen sich nicht direkt ins Wasser, rändern (hängen am Ufer und versuchen, einen günstigeren Einstieg zu finden) oder hängen einfach am Ufer fest und trauen sich nicht zu schwimmen. Die erste Maßnahme wäre hier (wie oben bei der Gewöhnung bereits beschrieben), mit dem Hund gemeinsam ins Wasser zu gehen und ihm so mehr Sicherheit im Umgang mit Wasser zu geben. Als bestes Vorbild gehe ich einfach voraus und animiere den Hund, mir zu folgen. Dazu kommt viel Übung und Erfahrung mit unterschiedlichen Einstiegen, um dem Hund die Angst und Sorge zu nehmen.

(Foto: Thore Brockhoff, 202.de)

»Auch wenn ins Wasser springende Hunde toll, sportlich und stylisch aussehen – der Sprung ins unbekannte Nass birgt auch viele Gefahren, da wir nie wissen, was sich unter der Wasseroberfläche verbirgt. Ein Hund, der vorsichtig und sicher ins Wasser geht, ist also absolut schlau und dafür nicht zu verurteilen.«

Starte schrittweise und gib deinem Hund die Möglichkeit zu entscheiden, WANN er sich WAS traut! Locken mit Futter ist erlaubt, solange du damit im Wasser stehst. Starte mit einfachen Wasserkanten – meist ist der Moment, indem der Hund schwimmen soll, der problematische Punkt! Arbeite daran gezielt und gib deinem Hund die Chance, sich immer wieder ans Ufer zu retten! Dein Hund gibt das Tempo vor! Es ist zudem absolut legitim, auch mit einer Schwimmweste für Hunde zu arbeiten. Vielen Hunden gibt sie viel Sicherheit und Selbstbewusstsein.

Hier sei noch als Hinweis gesagt (ist logisch, aber ich habe schon alles erlebt): Übe das mit deinem Hund bitte nicht direkt am Meer, wo euch hohe Wellen und Salzwasser das Leben schwer machen. Ein einfaches, kleines, nicht zu tiefes Gewässer bei angenehm warmen Temperaturen mit einem flachen Einstieg ist zu bevorzugen.

DIE ERREGUNGSLAGE IST ZU HOCH AM WASSER

Ist dein Hund auch nur bei der Erwähnung von Wasser ein aufgeregtes Nervenbündel, dann sind deine Prioritäten klar: Du musst dem Wasser beim Training weniger Bedeutung zuschreiben. Das heißt: Du trainierst ganz viel AM Wasser, aber nicht INS Wasser. Arbeite am Wasser entlang, vom Wasser weg, auf das Wasser zu, ohne dass im Wasser etwas passiert! Nur weil Wasser in der Nähe ist, heißt es nicht, dass

Was ist ein Placeboard und wann kann es helfen?

Ein Placeboard gibt einen klaren Rahmen vor und hilft dem Hund in vielerlei Hinsicht, seine Aufgabe zu vermitteln. Im Grunde ist es nichts anderes als ein leicht erhöhtes Podest. Auf diesem lernt der Hund zu sitzen. Durch die Erhöhung merkst du sofort, falls dein Hund in eine Richtung rutschen sollte – er hat dadurch aber auch eine wesentlich höhere Hemmschwelle aufzustehen, als wenn er nur so auf dem Boden sitzen würde. Es hilft also bei Problemen mit der Steadiness, kann aber auch bei vielen anderen Themen unterstützen, zum Beispiel beim Erarbeiten eines sicheren Vorsitzes, einer geraden Fuß-Position oder einer guten Abgabe. Mit dem Placeboard geben wir dem Hund einen deutlichen Start- und Zielpunkt vor – er weiß damit immer, wohin er zurückkehren muss. Auch beim Stoppen kann das Placeboard eine gute Unterstützung sein!

Das Placeboard ist und bleibt aber ein Hilfsmittel, das ich auf- und auch wieder abbauen muss. Nicht jeder Hund nimmt das Placeboard automatisch problemlos an. Ein ruhiges Sitzen darauf sollte vorab trainiert werden – für den ein oder anderen Hund eine koordinatorische Herausforderung. Genauso ist häufig ein schrittweiser Abbau nötig, um das Ergebnis zu erhalten, das ich mir vom Hund wünsche.

(Foto: Thore Brockhoff, 202.de)

es für den Hund auch eine Bedeutung hat. Überaus sinnvoll ist auch vermehrtes Fuß-Training am Wasser. Kannst du einen Stein ins Wasser werfen und dann mit deinem Hund im Fuß in Richtung Wasser laufen? Eine tolle Übung! Das Ziel: dem Wasser gegenüber neutral werden. Lass viele spannende Dinge an Land passieren und das Wasser unwichtig werden! Macht Beutespiele an Land oder geht auch einfach mal an ein Gewässer und chillt dort gemeinsam auf einer Decke, ohne dass es ins Wasser geht oder trainiert wird! Springt dein Hund am Wasser gerne ein, wenn es platscht, dann kann ein Placeboard helfen – übrigens auch für die Abgabe am Wasser ein sinnvolles Hilfsmittel, das du unbedingt ausprobieren solltest.

Video 8

Hier siehst du, wie wir mit dem jungen Springer Spaniel Watson mit Hilfe eines Placeboards am Wasser arbeiten. →

Video 9

Dein Hund hat mit Wasser kein Problem? Dann probier doch mal die Aufgabe im Video! →

Markierungen

Von Vroni

Wie bei jedem Verhalten, das später einmal zuverlässig funktionieren soll, müssen wir uns auch hier Gedanken machen, was genau wir am Ende sehen möchten. Bei einer Markierung soll der Hund zunächst vornehmlich mit den Augen arbeiten, die Falllinie des Dummys aufmerksam verfolgen, die Fallstelle markieren (sie sich merken) und auf mein Signal hin zügig zur Fallstelle laufen. Im Bereich des Dummys angekommen, soll der Hund klein und ausdauernd – ohne viel Geländeverbrauch – suchen und den gefundenen Dummy direkt apportieren, so der Idealfall. Der Hund muss dazu verschiedenste Fähigkeiten lernen. Allen voran muss er es schaffen, sitzen zu bleiben, wenn der Dummy fliegt (Stichwort Steadiness). Als nächsten Punkt brauche ich eine Orientierung des Hundes nach vorne. Der Hund soll sich die Fallstelle merken, Gelände und Tiefe gut einschätzen können und letztendlich auch den eigenen Fähigkeiten vertrauen und im Fallbereich ausdauernd suchen.

FEHLENDER FOKUS

Der häufigste Fehler, den ich bei meinen Trainings erlebe, ist, dass der Hund nicht nach vorne fokussiert bleibt. Er folgt zwar zunächst dem Dummy, richtet dann aber schnell den Blick auf den Menschen, um eine Friegabe zu bekommen. Grundsätzlich ist das vom Hund ja sehr brav, den Kontakt zu uns zu suchen und quasi zu „fragen", ob man gehen darf.

← »Schau nach vorne!« Geradeaus fokussieren und den Fokus dort halten, fällt vielen Hunden schwer. (Foto: Thore Brockhoff, 202.de)

Ich bin großer Fan davon, wenn der Hund im Alltag Blickkontakt aufnimmt, um gewisse Dinge tun zu dürfen. Beim Arbeiten von Markierungen fällt uns das aber auf die Füße, weil das Markieren für den Hund um ein Vielfaches schwerer wird, wenn der Blickkontakt zwischen Hund und Dummy unterbrochen wird. Stell dir vor, dein Hund macht sein Geschäft mitten auf die Wiese. Du stehst bereits mit dem geöffneten Kotbeutel startklar parat, versuchst deine Augen nicht vom Geschehen abzuwenden, um die besten Chancen zu haben, den Haufen mitten in der Wiese zu finden. Spricht dich nun ein Spaziergänger von hinten an, du drehst dich um, wirst abgelenkt und drehst dich wieder zurück, weißt du dann noch, wo genau der Haufen war? Vermutlich nicht. Genauso geht es deinem Hund, wenn er den Blick vom Dummy abwendet. Achte also unbedingt darauf, dass dein Hund bei Einzelmarkierungen dauerhaft nach vorn schaut und den Dummy im Auge behält. Hat der Hund das Konzept verstanden, wird, wenn der Dummy fällt, schnell der Hals lange nach vorne in Richtung Dummy gestreckt, der Hundekörper geht auf Spannung und wartet nur auf dein Signal, sodass er schnellstmöglich zur Fallstelle sprinten kann.

Schaut dein Hund dich immer wieder an, brich das mit den Markierungen ganz weit herunter, sodass du deinem Hund einfach so einmal den Dummy nach vorne wirfst und ihn direkt schickst, solange er noch nach vorne schaut. Nutze einen **gut sichtbaren Dummy** und schicke deinen Hund sehr schnell los, beim ersten Mal sogar, wenn der Dummy sich noch bewegt. Ja, das geht eventuell ein wenig auf Kosten der Steadiness, die gilt es dann danach wieder ein wenig mehr zu beachten, wenn der Fokus passt. Du kannst dazu ein Aufmerksamkeits-Signal etablieren, indem du eine Hand nach vorne nimmst (sie stehen lässt), zum Beispiel „Mark" sagst, und den Dummy mit deiner anderen Hand wirfst. Der Hund lernt so zu verknüpfen, dass sich auf dein „Mark" hin der Fokus nach vorne lohnt, weil dort etwas Tolles passiert. Lass die Hand stehen und schicke den Hund direkt zum Dummy, solange er noch nach vorne schaut. Diese Zeit dehnst du langsam aus und der Hund soll den Dummy immer länger ohne Unterbrechung im Blick behalten können. Passiert es doch, dass er dich dabei zwischendurch wieder anschaut, schicke den Hund erst, wenn er wieder nach vorne zum Dummy fokussiert! Nur dieses Verhalten bringt ihn zum Erfolg!

DEINE HAND

Wir möchten den Hund, während er mit Adleraugen die Falllinie des Dummys verfolgt und versucht, sich die Fallstelle einzuprägen, nicht stören. Heißt: Zum Schicken auf Einzelmarkierungen nutzen wir keine Hand! Bringst du den Bewegungsreiz der Hand ins Sichtfeld des Hundes, wird er dadurch abgelenkt und schwupps, ist der Fokus verloren. Hunde sind Bewegungsseher, alles was sich bewegt, ist im Zweifel wichtig (weil es vielleicht Essbares, also Beute ist). Ist dein Hund perfekt nach vorne ausgerichtet und „ready to go", braucht es hier nicht mehr als ein akustisches Signal von dir. Nutzt du (wie oben beschrieben) schon eine Hand, bevor der Dummy fällt, um die Aufmerksamkeit in die richtige Richtung zu lenken, bleibt diese Hand regungslos stehen und unterbricht den Hund somit auch nicht in seiner Konzentration. Andere Regeln bezüglich Handsignal gelten bei mehreren Markierungen; hier wird die Merkfähigkeit des Hundes auf die Probe gestellt. Es kann hier sinnvoll sein, dass du, um die Dummys in deiner gewünschten Reihenfolge abarbeiten zu können, die Richtung zur verlangten Markierung anzeigst. Dieses Sicht-Signal sollte sich allerdings von deinem Einweise-Ritual unterschieden.

Wie gut sieht der Hund den fliegenden Dummy aus seiner Position wirklich? Checke einmal das Sichtfeld deines Hundes, indem du deinen Kopf auf Hundekopfhöhe bringst. Sitzt der Hund zu tief im Bewuchs? Kann er die Fallstelle des Dummys überhaupt sehen? Was für einen Hintergrund haben wir zum Dummy, wenn er in der Luft ist? Himmel oder Wald? Zu Anfang empfiehlt sich ein gut sichtbarer Dummy, der vor dem jeweiligen Hintergrund einen guten Kontrast gibt, etwa weiß vor dunklem oder schwarz vor hellem Hintergrund. Wir nutzen gerne Wasserdummys, die sind sowohl schwarz als auch weiß und in der Regel überall sehr gut sichtbar (da sie aus Kunststoff sind, bleiben sie auch weiß). Kleine Wissens-Auffrischung: Gut sichtbare Farben für den Hund sind Blau, Gelb sowie der Schwarz-Weiß-Kontrast. Schlecht sichtbar sind grüne, rote oder orange Dummys.

Bei mir ist es die rechte Hand mit ausgestrecktem Zeigefinger (ich weise mit links und gerader Handfläche ein). 99,9 % ausschlaggebend ist hier aber eigentlich nicht deine Zeigegeste, sondern die Ausrichtung deines Körpers, der der Hund am Bein folgen soll.

DEIN KÖRPER

> »Der Hund, der um dich herum nicht funktioniert, funktioniert auch draußen nicht!«

Kann dein Hund den Dummy gut sehen? Checke immer Hintergrund, Falllinie und Dummy-Farbe! Schwarz-weiße Wasserdummys sehen Hunde in der Regel sehr gut. (Foto: Thore Brockhoff, 202.de)

Dies ist ein gängiger Satz zahlreicher Retriever-Trainer, und es steckt viel Wahrheit darin! Wir brauchen eine ordentliche Fußarbeit und einen Hund, der sich automatisch immer nach unserer Position und unserem linken (oder rechten) Bein folgend ausrichtet. Das ist die ideale Ausgangsposition (auch mental!) für das Arbeiten weit weg von mir. Gibt es also etwa eine Doppelmarkierung, so bleibe ich nicht lässig mittig ausgerichtet zwischen den beiden Dummys stehen, sondern drehe mich idealerweise immer in die Richtung mit, in der der Dummy als nächstes fällt. So gebe ich meinem Hund zum einen eine perfekte Sicht auf den Dummy und seine Falllinie, zum anderen mache ich ihm mit meiner Körpersprache sofort klar: so sieht es aus, wenn wir diese Markierung arbeiten wollen, und so sieht es aus, wenn wir die andere Markierung arbeiten wollen. Es geht immer (egal ob Mark oder Blind) um die gerade Linie vom Bein weg. Die hat der Hund nur, wenn ich mich mit ihm gerade in Richtung

(Foto: Thore Brockhoff, 202.de)

des Dummys ausrichte. Hat der Hund das verinnerlicht, brauche ich theoretisch gar keine Hand mehr, er weiß bereits dank meiner Position, welcher Dummy zuerst gearbeitet werden soll. Sie dient dann nur noch der Absicherung. Übrigens: Welches akustische Signal nutzt du zum Schicken deines Hundes auf Markierungen? Ist es in der Regel das „Apport"-Signal, so lohnt es sich, dass der Hund lernt, auf ein anderes Signal zu gehen, wenn ihr aus der Line, also mit mehreren Menschen mit Hund neben dir, arbeitet. Da nutzt im Zweifel jeder „Apport" und es können schnell Missverständnisse entstehen, welcher Hund gemeint ist. Wir schicken unsere Hunde hier mit dem Namen zum Dummy. Alternativ kannst du auch „Sending Names", also Spitznamen, mit denen du deinen Hund auf Markierungen schickst, etablieren.

DIE FALLSTELLE FALSCH EINSCHÄTZEN

Um deinem Hund zu helfen, Geländekanten und die Tiefenwirkung ein wenig besser einschätzen zu lernen, gibt es mehrere Möglichkeiten. Zunächst sind helle Dummys sinnvoll, die der Hund gut sehen kann – sowohl in der Luft als auch, wenn sie dann auf dem Boden liegen. Nutze einfachen Bewuchs, also etwa eine gemähte Wiese und nicht zu schweres (hügeliges) Gelände. Viele Hunde tun sich besonders schwer, wenn der Dummy in eine Kuhle oder ein kleines Tal fällt, da es für die Perspektive des Hundes so aussieht, als würde der Dummy oberhalb des Hügels/Geländes landen, obwohl er eigentlich in der Kuhle verschwindet. Eine gute Trainingsmöglichkeit: Ändere schrittweise die Perspektive des Hundes, aus der er den Fall des Dummys beobachten kann! So lernt er das Gelände kennen und besser einschätzen – er lernt, dreidimensionaler zu denken. Zunächst sieht er den Dummy also etwa vor besagtem Hügel fallen und darf ihn apportieren, dann bewegt ihr euch sukkzessive hinter den Hügel oder platziert euch auch einmal seitlich vom Hügel. Der Dummy wird immer gleich geworfen, es ergibt sich für den Hund aber jedes Mal ein völlig anderes Bild.

Auch gibt es häufig Schwierigkeiten, wenn der Hund auf dem Weg zum Dummy den Blick auf die Fallstelle verliert. Hier sieht er zwar genau, wo der Dummy landet, muss aber zum Beispiel auf dem Weg zur Fallstelle einen Graben durchqueren. Er verliert das Bild, das er von der Fallstelle gemacht hat, und muss sich dann erst einmal komplett neu orientieren. So manch ein Hund ist schon verdutzt im Graben stehen geblieben und wusste plötzlich gar nicht mehr wohin. Hier geht es auch wieder erst einmal darum, auf kleine Distanzen anzufangen, vielleicht sogar erst einmal vor dem Graben, und dem Hund die Möglichkeit zu geben zu verstehen, was wir überhaupt von ihm möchten. Durfte er solche Situationen oft genug einüben und hat er das Konzept verstanden, wird er sich damit immer leichter tun.

Hier sei noch zu erwähnen, dass es ein großer Vorteil ist, wenn ich einen guten Werfer habe! Wir erinnern uns, was der Hund bei Markierungen tun soll: Die Falllinie des Dummys verfolgen! Ich möchte nicht, dass der Hund lernt: „Ach, ich renn einfach zum Helfer und suche 20 Meter um ihn herum, da wird es schon irgendwo liegen." Idealerweise ist der Wurf unseres Helfers so präzise und weit, dass dieses Problem nicht besteht. Eine gute Möglichkeit ist auch die Nutzung von sogenannten Power-Poofern, also Maschinen, die ich in die Wiese stellen kann und von dort Dummys via Knopfdruck in die Höhe geschleudert werden. Hier steht dann logischerweise gar kein Helfer im Gelände. (Achtung: Bei einigen Hunden geht die Erregungslage stark nach oben.)

Eine gute Übung dazu zeigen wir dir im folgenden Video. Schnapp dir doch einfach mal einen Trainingspartner deiner Wahl und werft euch gegenseitig Markierungen, immer in verschiedene Richtungen! Je nach Gelände kann das ganz schön anspruchsvoll werden. Es ist zudem eine schöne Steadiness-Übung für beide Hunde.

Video 10

Eine simple Team-Aufgabe zum Trainieren von Markierungen, zeigen wir dir im Video. →

(Foto: Thore Brockhoff, 202.de)

RENNEN STATT SUCHEN

Viele Hunde sind echte Speedos und finden Rennen einfach klasse! Sie lernen, dass es sich gut anfühlt, sie können dadurch Stress abbauen und wenn man mal nicht weiter weiß, wird halt einfach wild in der Gegend herumgerannt. Grundsätzlich ist Rennen ja gut, weil wir die Hunde damit schnell auf weite Distanzen bekommen, die wir ja auch brauchen. Aber: Wir streben beim Dummy-Training immer auch eine möglichst effiziente Arbeit an: gerade Linie, schnell picken, schnell zurückkommen – nice, clean and easy. Es soll nicht viel Gelände beunruhigt, das Wild geschont werden und so ist wildes kreuz und quer Herumrennen bei Markierungen nicht erwünscht. Wir möchten, dass der Hund an der Fallstelle eng und intensiv sucht. Das kannst du tun:

Reduziere das Stresslevel im Training. Viele Hunde fahren sich so hoch, dass Rennen das einzig sinnvolle Ventil erscheint. Häufig ist der Hund dann nicht mehr konzentriert auf seine Aufgabe und nur noch gaga. **Kürzere Distanzen** können hier auch erst einmal mehr Ruhe hineinbringen. Dann kannst du dir **bekannte Stellen zunutze machen**, wo der Hund bereits Beute-Erfolg hatte, an die du die Markierungen wirfst. Er hat nun schon eine Idee davon, wo genau die Beute liegt, und wird eher nicht ins Rennen verfallen. **Nutze die Möglichkeit des Stempelns** und präpariere damit die Stelle, an die du den Dummy werfen möchtest. Dabei drückst du den Dummy einige Male an den Boden und sorgst so für viel Geruch. Der Bereich der Fallstelle riecht nun sehr spannend und gibt dem Hund das Versprechen, gleich auf Beute zu treffen – drumherum hingegen sind keine frischen Spuren. Das wird den Hund im richtigen Bereich halten und ihn da eng suchen lassen. Weitere Hilfestellungen sind das **Kennzeichnen des Fallbereichs** mit einem oder mehreren Stäben (die z. B. so aufgestellt sind, dass sie einen großen Kreis bilden, in den der Dummy fällt) oder auch das **Platzieren mehrerer Dummys im Fallbereich**. Das ist auch bei unsicheren Hunden sinnvoll, die nicht andauernd suchen, sondern schnell abbrechen und zurückkommen. Sie haben hier die Chance, schnell zu finden (natürlich sollte der Hund hierfür nicht tauschen). Zuletzt lohnt sich auch hier wieder die **Wahl des passenden Geländes**. Ideal ist es zum Beispiel, wenn ich eine gemähte Wiese habe, bei der nur ein Kreis mit etwa 3–4 Metern Radius ungemäht ist. In dieses hohe Gras fällt meine Markierung. Für den Hund ist es klar, dass der Dummy dort liegen muss. Er wird dort eng anfangen zu suchen. Hast du nicht den Luxus einer Wiese, die du dir entsprechend präparieren kannst, dann schau im Gelände nach auffällig abgegrenzten Bereichen mit mehr Bewuchs oder einer bestimmten Einbuchtung oder anderen markanten Geländepunkten, die für den Hund klar sind und ihn in seinem Suchradius durch natürliche Barrieren begrenzen.

OBACHT: SPANNEND!

Viele Markierungen sind in der Regel nicht das Element, mit denen wir beim jungen Hund starten. Sie können schnell für eine sehr hohe Aufregung sorgen und machen es im Verlauf schwieriger, den Hund ohne Bewegungsreiz in eine bestimmte Richtung schicken zu können. Wir beginnen also zunächst mit dem Voran-Schicken und damit, dass der Hund es schafft, ohne einen großartigen Reiz am Ende (sondern nur einem Napf oder einem Fähnchen), von selbst die Motivation aufzubringen, geradeaus zu laufen. Gerade wenn wir mit dem Ballwerfer oder auch mit Launcher-Geräten arbeiten, die zusätzlich zum spannenden und schnell fliegenden Dummy auch noch ein schussähnliches Geräusch von sich geben, ist es mit der Steadiness schnell dahin. Übe Markierungen bei bestimmten Hundetypen also bitte in Maßen! Natürlich soll sich der Hund irgendwann auch daran gewöhnen, damit er die Chance hat, alles nicht mehr so spannend zu finden, gehe hier aber mit Bedacht heran!

Von der Aufregung zur Gewohnheit

Aufregende Dinge im Dummy-Training, wie etwa viele Markierungen, die Arbeit mit Schuss oder Launcher oder die Arbeit am Wasser, sollten für den Hund zur Normalität werden. Das heißt auch, dass ich diese Elemente ab einem gewissen Alter immer wieder mit ins Training aufnehme. Denn: Gibt es nur einmal im Jahr leckeren Kaiserschmarrn, werde ich jedes Mal ausrasten, wenn es ihn endlich gibt. Gibt es aber jede Woche Kaiserschmarrn, hält sich meine Begeisterung darüber irgendwann doch eher in Grenzen – du verstehst, was ich meine? Genauso solltest du es mit Dingen machen, die dein Hund sehr spannend findet: Dosiere sie in Maßen, um deinen Hund nicht übermäßig hochzufahren, aber übe sie immer und immer wieder!

Springt dein Hund häufig bei Markierungen ein, lohnt es sich auch, daran gezielt zu arbeiten. Zum einen sollte hier natürlich das **Stärken deiner Fußarbeit** ganz oben auf dem Zettel stehen (siehe Fußarbeit), vor allem wenn wir in Richtung WalkUp denken. Aber auch im Sitzen in der Grundstellung können wir Verbesserungen vornehmen, indem der Hund lernen darf, dass hier immer etwas Angenehmes für ihn passiert – sei es Futter, ein paar Streicheleinheiten oder auch eine Beute (etwa Ball oder ein Spielzeug). Seine Belohnung bekommt der Hund bei dir am Bein, wenn er es schafft abzuwarten und sich trotz spannender Reize um ihn herum nicht aus der Ruhe bringen lässt. Gerne konditionierte ich bei meinen Hunden Folgendes: Ich werfe einen Dummy (zunächst in kurzer Entfernung) vor mich und den Hund und gebe genau in dem Moment Futter, in dem der Dummy auf dem Boden aufkommt. Schau, dass der Aufprall des Dummys zeitgleich mit deiner Futtergabe ist. Das Futter kann ich so geben, dass der Hund trotzdem auf den Dummy fokussiert bleiben kann und der Hund lernt, dass ein fallender Dummy beudetet: Popo bleibt auf dem Boden! Zusätzlich kann ich mit der schnellen Futtergabe verhindern, dass der Hund auch nur darüber nachdenkt aufzustehen – warum sollte er aufspringen, wird er doch gerade von mir gefüttert. Selbiges kann ich natürlich auch mit einem Ball machen, also den Hund dann mit einem Ball belohnen, der von mir kommt, wenn der geworfene Dummy den Boden berührt. Meist büße ich hier aber – zumindest zeitweilig – ein wenig den Fokus nach vorne ein, da die spannendere Beute in dem Falle dann von mir kommt.

(Foto: Thore Brockhoff, 202.de)

Du kannst dir auch ganz einfach einen Kurzführer zu Nutze machen. Dadurch kannst du den Hund elegant absichern und verhindern, dass er zum Erfolg kommt. Wenn er zu früh losstarten möchte, hältst du ihn fest. Das Wichtige bei der Nutzung des Kurzführes: Es ist lediglich eine Absicherung, die der Hund idealerweise nur dann spüren sollte, wenn er einen Fehler macht (zu früh startet). Häufig sehe ich,

Wie gut markierst DU eigentlich?

Du und dein Hund, ihr seid ein Team! Du solltest genauso gut auf dem Schirm haben, wo genau der Dummy gelandet ist wie dein Hund! Denn nur wenn du selbst weißt, wo der Dummy ist, kannst du deinem Hund im Zweifel auch helfen, wenn er plötzlich nicht mehr weiter weiß. Du bist ein schlechter Markierer? Dann versuch mal unsere Tipps! Bewegst du dich nicht von deinem Standort weg, merke dir zwei Dinge: 1. Was befindet sich im Hintergrund der Fallstelle? Es gibt IMMER einen Hintergrund/Horizont – sei es ein Haus in der Ferne, ein Strommast, ein Hochsitz, ein etwas höherer Baum ... Was befindet sich dort, wenn du vom Dummy eine gerade Linie nach oben machst? Nun weißt du, in welche Richtung die Linie gehen muss, also fehlt noch die Tiefe. 2. Suche dir dazu noch eine markante Geländestelle in der Linie weit nach rechts oder links vom Dummy, damit du weißt, wie weit der Hund rennen muss.

Seid ihr zum Beispiel in einem WalkUp unterwegs und du bewegst dich noch weiter, bevor du deinen Hund schickst, dann merke dir eine markante Stelle in der Nähe des Dummys! Das kann ein ganz kleines Detail sein, wie eine Blume, die etwas anders heraussteht als die anderen, ein kleiner Plastik-Fetzen, der auf der Wiese hängt, ein Bereich auf dem Feld, der ein etwas dunkleres Grün hat als das Feld drumherum usw. Wenn du einmal aufmerksam hinschaust, kannst du bestimmt ein kleines auffallendes Detail im Gelände finden, das du dir gut merken kannst. Checke beim Weiterlaufen die Fallstelle, indem du den Kopf immer wieder in die Richtung drehst und schaust, ob du dein Detail noch gut sehen kannst. Das kostet ganz schön viel Konzentration – unserem Hund verlangen wir ja aber das Gleiche ab!

dass der Hund sich in den Kurzführer hinein nach vorne hängt. Beim Schicken wird der Kurzführer losgelassen, der Druck lässt nach, der Hund startet durch. Diese Verknüpfung „Druck lässt nach → ich kann gehen" ist sehr ungünstig und wird dem Hund nicht beibringen, dass er nicht einspringen soll. Ich muss bei der Arbeit mit dem Kurzführer also immer darauf achten, dass ich ihn so festhalte, dass er am Hundehals nicht spürbar ist, wenn der Hund brav sitzt. Der Hund muss sich also selbst zurücknehmen lernen und selbstständig ruhig sitzen, bis er geschickt wird. Möchte er zu früh und vor meinem akustischen Signal losstarten, hängt er im Kurzführer und kommt nicht zum Erfolg. Alternativ habe ich einen schnellen Helfer, der den Dummy wieder aufhebt, wenn der Hund einspringt. **Vorsicht:** Bei manchen Hunden funktioniert diese Methode, ohne weitere Maßnahmen zu treffen nicht, denn sie haben bereits große Freude allein daran, dass sie in der Situation rennen können. Andere frustriert es so sehr, dass sie keine Beute gemacht haben, dass sie sich beim nächsten Mal besser zusammenreißen.

Troubleshooting – Ideen für dein Training

RÜCK-PFIFF ODER NICHT?

Eine Frage, die häufig gestellt wird: Mache ich einen Komm-Pfiff, wenn mein Hund den Dummy hat? Um diese Frage zu beantworten, müssen wir zu Anfang unterscheiden, ob wir es mit einem Hund mit frischem, untrainiertem Verhalten zu tun haben oder ob wir schon im Bereich des Verhinderns von Fehlverhalten mit Dummy im Fang oder gar im Bereich der liegenden Dummys sind.

Schauen wir also einmal ganz weit zurück zu dem, was wir bei einem Apport möchten. Für den Hund soll Apportieren als Handlungskette bedeuten: Wenn ich ihn schicke, läuft er unverzüglich auf ge-

»Der Rück-Pfiff oder der Komm-Pfiff wird natürlich nicht gänzlich weggelassen. Darum geht es gar nicht. Es ist aber wichtig zu verstehen, dass der Komm-Pfiff keine ausdrückliche Bedingung für deinen Hund sein darf, um mit der Beute zu dir zurückzukommen. Er darf ihn dafür nicht brauchen müssen.«

← Es läuft nicht immer alles rund? Kein Problem! Wir geben dir verschiedenste Lösungsansätze mit an die Hand! (Foto: Beate Schmal)

radem Weg zum Dummy, nimmt es auf und kommt unverzüglich zurück. **Dieses unverzügliche Zurückkommen ist also Teil des Verhaltens „Apportieren".** Haben wir mit unserem Einsteigerhund oder unserem jungen Hund das Apportieren in mehrere kleine Stücke aufgeteilt und erarbeitet, haben wir beispielsweise als Teilbereich das schnelle Hinauslaufen und Zurückkommen. Hier gibt es verschiedene Möglichkeiten, dies zu üben – es eignen sich etwa Futterspiele. **Ich nutze sehr gerne das Schicken zur Futterschüssel.** Vor allem mit einem sehr jungen Hund kann ich viele Wiederholungen machen, brauche dazu noch keine Beute und habe somit auch keinen Konflikt mit dem Zurückbringen der Beute. Ich kann das Ganze schnell aufbauen, üben und ritualisieren. Dabei läufst du gemeinsam mit deinem Hund zu einem weiter weg platzierten Napf oder zu einem Schemel. Dort platzierst du – für den Hund gut wahrnehmbar – ein (!) Futterstück. Von einer gewissen Entfernung schickst du deinen Hund nun zum Futterstück. Er lernt schnelles Hinlaufen, Aufnehmen des Futters und daraufhin schnelles Drehen und Zurückkommen, denn das nächste Stück Futter wartet schon bei dir auf ihn. Hat er diesen Ablauf verstanden, kommt erst Beute mit ins Spiel. **Mir ist wichtig, dass du verstehst, dass für den Hund Apportieren in einzelne Sequenzen zerlegt, sauber erarbeitet, aufgebaut und ineinander gepackt wird.** Für den Hund heißt das, dass er ohne weitere Einladung oder Hilfsmaßnahmen das gefundene Stück unverzüglich zurückbringt.

Video 11

Die Apportier-Sequenz heißt von Anfang an: sitzen bleiben, laufen, picken, zurückkommen! Wie du dieses Verhalten bereits beim Welpen und noch ohne Beute stärkst, siehst du im Video. →

(Foto: Thore Brockhoff, 202.de)

Das Bringen erarbeiten wir nicht automatisch allein über einen Komm-Pfiff. **Wir wollen Bringfreude** fördern und freuen **uns, wenn der Hund Dinge zu uns trägt.** Wir sind bestrebt, ihn für dieses Zurücktragen intensiv zu belohnen. Wir machen ihm unmissverständlich deutlich, dass wir dieses Verhalten explizit wünschen. Im Beutefang-Verhalten ist Beute nehmen und zu jemandem hintragen nicht verankert. Auch wenn beim Retriever die Anlangen, gerne Beute zuzutragen, bestenfalls da sind – der Hund als Beutegreifer sieht grundsätzlich erst einmal keinen Sinn darin, Beute zu teilen. Warum sollte er? Diese Verhaltensweise fördern wir also intensiv von Anfang an. Bringfreude ist ein großer Schwerpunkt, insbesondere am Anfang der Ausbildung.

Der Rück-Pfiff oder der Komm-Pfiff wird natürlich nicht gänzlich weggelassen. Darum geht es gar nicht. Es ist aber wichtig zu verstehen, dass der Komm-Pfiff keine ausdrückliche Bedingung für deinen Hund sein darf, um mit der Beute zu dir zurückzukommen. Er darf ihn dafür nicht brauchen müssen. Stellen wir uns vor, du hast deinen Hund in ein Gebiet geschickt, wo du ihn gar nicht oder nur teilweise gut sehen kannst, wie etwa in einem Waldstück oder in sehr hohem Bewuchs. Du gehst das Risiko ein, dass du den Moment nicht mitbekommst, in dem dein Hund den Gegenstand findet, aufnimmt und packt. Du musst dich darauf verlassen, dass er ohne Aufforderung, egal wo und wann er das Stück findet, unverzüglich zu dir zurückkommt.

In manchen Situationen wird als Management zu einem schnellen Rückpfiff geraten - beispielsweise dann, wenn Hund droht, über ein zweites Stück zu kommen und zu tauschen. Es gibt auch Hunde, die bereits ein manifestes Tauschverhalten, Weitersuchen oder ein Blinken zeigen. Das ist für uns gesehen, ein Fehlverhalten im Bereich der Beute. Durch den Komm-Pfiff sollen sie an diesem Fehlverhalten gehindert werden. Der Punkt, den ich zu bedenken gebe, ist, dass mein Rückpfiff auch in meinem Alltag eine immens große Rolle spielt. Ich zähle ihn zu den wenigen Kommandos, die von meinen Hunden unverzüglich und in jeder Situation auszuführen sind. Solch ein Verhalten erzielen wir nicht von heute auf morgen und sicherlich nicht dadurch, dass wir es ein paarmal geübt haben. **Hinter einem zuverlässigen Rückpfiff stecken Köpfchen, viel Fleiß und unzählige Wiederholungen mit absoluten Belohnungen für das richtige Verhalten.** Wir bringen unseren Hund in verschiedene Konfliktsituationen und sichern diesen Rückpfiff so ab, dass wir ihn auch im Anwendungsfall unter schwierigen Bedingungen ausführen lassen können. Unser Hund folgt dann also trotz Ablenkung diesem Rückpfiff automatisch. Machen wir diesen Pfiff im Dummy-Training, müssen wir uns darüber im Klaren sein, dass es keinen anderen Weg für den Hund geben darf, als direkt auf diesen Pfiff zu reagieren. Oft sehe ich aber, dass der Pfiff nicht so ausgeführt wird, wie er in der Anwendung bestenfalls zu sehen wäre. Oft passiert es mit Verzögerung, der Hund sucht trotzdem weiter, schaut sich einen weiteren Dummy an etc.

Ich nutze für meinen Hund den Rückpfiff nicht automatisch für den Rückweg mit dem Dummy. Ich kann ihn machen, wenn mein Hund sowieso auf dem Weg zu mir ist, weil ich ihn mir damit positiv, aufbauend und motivierend zunutze mache. Damit bestätige ich ihn in seiner Handlung und feuere ihn an, schnell zu mir zu kommen. Ich kann den Rückpfiff auch in dem Moment machen, in dem mein Hund den Dummy gepickt hat, den Kopf hebt und sofort dreht, um in meine Richtung zu laufen. Hier zeigt er bereits ein Verhalten, das ich nach der Aufnahme des Gegenstands direkt sehen möchte. **Also immer dann, wenn ich das Verhalten sehe, das den Hund direkt in meine Richtung bringt, kann ich auch meinen Rückpfiff dazu nehmen.** Der Pfiff ist von vornherein für den Hund ein absolut motivierendes Signal. Sauber und positiv verknüpft, ist er ein Versprechen auf eine Belohnung und dieses Versprechen löse ich ein.

(Foto: Thore Brockhoff, 202.de)

Ich mache meinen Rückpfiff allerdings nicht, wenn mein Hund (wie auch immer er auf diese Idee gekommen ist) über einem Dummy steht und es nicht sofort aufnimmt, wenn er mit einem Dummy im Fang noch eine kleine Runde dreht oder wenn er den Dummy schon im Fang hat und noch ein bisschen tauschen gehen möchte. **Ich unterscheide die Situationen Training und Anwendung bzw. Prüfung sehr klar!** Beim Training möchte ich nie mit einem unsachgemäßen Verhalten, im Sinne meines Ziels, arbeiten und den Hund zum Erfolg kommen lassen. Im Training geht es mir immer darum, das ursprünglich gewünschte Verhalten auszubauen und zu festigen. Was meine ich damit? Unter Umständen stehe ich in einer Prüfung und nutze meinen Komm-Pfiff, weil ich bei meinem Hund ein Verhalten sehe, das nicht zum sofortigen Zurückrennen mit Dummy im Fang gehören könnte. Beispielsweise bekommt mein Hund etwas in die Nase. Bevor ich die Möglichkeit zulasse, dass er andere Ideen haben könnte, kann ich selbstverständlich einen Rückpfiff machen. **In einem Training geht es mir nicht darum, die Dummys einfach nur irgendwie zu mir zu bekommen.** Ich muss das Gefühl haben, dass das Grundverständnis vom Hund geschult und ausgebaut wird. Mein Grundverständnis ist nicht, dass ich immer einen Komm-Pfiff machen muss, um meinen Hund zu mir zu bekommen, wenn ich ihn zum Apportieren losgeschickt habe. Das möchte ich im Training nicht anwenden müssen. Mit dem richtigen Timing kann ich es selbstverständlich nutzen.

Hinter freudigem Zurückkommen stecken viel Fleiß und zahlreiche Wiederholungen. (Foto: Thore Brockhoff, 202.de)

Wann grundsätzlich den Rückpfiff nutzen und wann nicht?

Im Training versuchst du, die Fertigkeiten des Hundes in jeglicher Hinsicht auszubauen. In einer Prüfung tust du alles, was du darfst, um irgendwie den Dummy hereinzubekommen. Das sind einfach zwei Paar Schuhe. Kommen wir zurück zu der Frage, ob ich meinen Komm-Pfiff nutzen darf oder nicht. Du darfst es selbstverständlich. Allerdings sollte der Komm-Pfiff nicht zur Bedingung gemacht werden, um deinen Hund überhaupt zu dir zu bekommen, wenn er im Beutemodus ist. Ganz abgesehen davon, konditionierst du schnell gewisse Verhaltensweisen. Beispielsweise lernt der Hund, über dem Dummy zu stehen und diesen erst anzuschauen, zu dir zu schauen und darauf zu warten, dass der Komm-Pfiff kommt. Denn dann kann man sich als Hund sicher sein, dass man dafür belohnt wird. Das ist eine Kette, die schnell im Hund verankert ist. Du wirst rasch merken, dass er auf diese Hilfe von dir warten wird. Hast du einen solchen Hund, solltest du das Verhalten einmal herauspicken und die schnelle Aufnahme des Dummys noch einmal für dich separat üben. Siehst du ihn das erste Mal so bei einer Aufgabe, hast du die Möglichkeit, ihn anstelle des Komm-Pfiffs unmittelbar für das richtige Verhalten zu loben. Er wartet einen kurzen Moment, pickt den Dummy, dreht und kommt sofort. Belohne jetzt deinen Hund kurz verbal dafür, dass er in diesem Moment zu dir kommt und sich in Bewegung gesetzt hat. Zusätzlich ist es wichtig zu verstehen, dass die Pfeife ein Werkzeug ist, das seine Wirksamkeit – wie alles andere auch – nur dann behält, wenn du konsequent bist. **Das bedeutet, dass du den Pfiff nicht ignorieren** lässt und ihn nicht in Situationen nutzt, in denen du weißt, dass das Verhalten trotzdem nicht verhindert werden kann. Falls du bemerkst, dass dein Hund über den Rückpfiff hinausgeht, kannst du, unabhängig von der Beute, intensiv daran arbeiten, um ihn sicherer werden zu lassen. Immer nutzen kannst du die Pfeife bei einem gewünschten Verhalten, nämlich zu dir drehen und zu dir kommen.

Ich empfehle, darüber nachzudenken, was ich in dem Moment signalisiere, wenn ich einen Rückpfiff mache, falls mein Hund, nachdem er die Beute aufgenommen hat, etwa weitersucht oder er über dem Dummy steht und erst einmal nichts macht. Mache ich den Rückpfiff in dem Moment, in dem Verhalten gezeigt wird, das für mich zum Apportieren nicht dazugehört, haben wir folgende Situation: Der Hund zeigt ein Verhalten, das wir nicht häufiger sehen möchten. Aus Verzweiflung oder manchmal Unwissenheit nutzen wir ein Signal, das wir über positive Verstärkung absolut nett, fröhlich und freundlich aufgebaut haben. Wenn du dieses Signal in dem Moment gibst, in dem der Hund ein Verhalten zeigt, das dir nicht gefällt, kannst du dem Hund damit nicht mitteilen, dass das nicht gewünscht ist. **Positiv aufgebaute Signale** können dem Hund nicht sagen**, dass ein Verhalten, das in**

Attacke! Und nu?
Zuverlässiges Aufnehmen und Tragen des Dummys will gelernt sein!
(Foto: Thore Brockhoff, 202.de)

dieser Sekunde gezeigt wird, nicht erwünscht ist. Du musst den Gedanken nicht teilen, dass du in dem Moment deinem Hund sagen können möchtest, dass du dieses Verhalten nicht sehen willst. Dennoch sollte einleuchtend sein, dass der Komm-Pfiff in einer solchen Situation keine Verbesserung des Verhaltens bringen wird. Das Verhalten wird zum einen durch den Rückpfiff nicht automatisch weniger gezeigt, zum anderen wird er vielleicht in dem Moment noch seinen Rundgang beenden, einen anderen Dummy beschnüffeln oder ablegen oder einen anderen nehmen. Du sammelst auf jeden Fall für dieses Signal Minuspunkte. Beide Situationen sind unerwünscht.

WENN DER HUND NICHT SAUBER TRÄGT

Hier sollten wir zunächst unterscheiden, ob der Hund noch sehr jung ist oder ob wir es mit einem Verhalten zu tun haben, das wir beim erwachsenen Hund beobachten. Ein junger Hund sollte zunächst erlernen, wie und wo er die Gegenstände am besten nimmt. Um unserem Hund das Tragen korrekt beizubringen, gibt es verschiedene Möglichkeiten.

Zunächst ist in sehr jungem Alter, von Welpe an bis zu der Zeit vor dem Zahnwechsel, das Spielen mit Beute empfehlenswert. Dies solltest du mit Dingen tun, die du im späteren Apportier-Leben nicht brauchst. Das bedeutet, dass du auf echte Dummys in dieser Zeit noch verzichtest. Nutze hingegen lieber Kauseile oder etwa Welpen-Dummys, die in der Regel sehr weich und anders geformt sind. Sie haben zwar eine ähnliche Oberfläche wie die später verwendeten Dummys, sind aber deutlich angenehmer zu tragen und haben in der Regel auch keine Wurfgriffe an den Enden, die den Hund dazu animieren, den Dummy daran festzuhalten. **Möglich für die ersten Apportier-Übungen sind beispielsweise auch Malerrollen, Sockenknäuel oder einfach Tennisbälle**. Tennisbälle nimmt ein Hund in der Regel sehr gerne und du kannst sie spater auch super zum Aufbau der kleinen Suche nutzen – somit hast du hier gleich zwei Punkte abgedeckt. Nimm einen Gegenstand, den dein Hund von sich aus gerne in den Fang nimmt. Dabei ist eines sehr wichtig: **Hab hier absolut keine Erwartungen an deinen Hund!** Es ist nicht schlimm, wenn etwas schief läuft. Denk nicht gleich an das spätere Apportieren, Knautschen, Ausspucken oder Ähnliches. Um zu verhindern, dass sich anfängliche Fehler festigen, nutzen wir Gegenstände, bei denen es absolut egal ist. So kann der Hund all die Dinge, die er später am Dummy nicht tun soll, auch nicht am Dummy einüben.

Für ältere Hunde, die nicht sauber tragen, gibt es ausgesprochen hilfreiches Equipment – zum Beispiel die sogenannten „Teacher-Dummys". Es sind ganz normale Dummys aus Canvas-Stoff, die in der Mitte etwas schmaler sind. Sie kommen ohne Kordel und Wurfgriff aus und sind in unterschiedlichen Größen bestellbar (250 und 500 Gramm). Sie sehen ein wenig aus wie ein großer Knochen, in der Mitte verjüngt, sodass dem Hund das einfache Tragen exakt an dieser Stelle erleichtert wird. Durch diese Form wird der Hund automatisch dazu animiert, den Gegenstand immer mittig zu nehmen. Nach einem ähnlichen Prinzip funktionie-

Ein sogenannter Teacher-Dummy – wie hier im Bild - kann mittiges Tragen fördern. (Foto: Thore Brockhoff, 202.de)

(Foto: Thore Brockhoff, 202.de)

ren Apportierhölzer oder auch Apportierböcke aus Metall. In der Jagdhundewelt und im Obedience werden sie sehr gerne verwendet. Sie haben in der Mitte eine schmale Stange, mit der zwei Klötze verbunden werden. So wird verhindert, dass der Hund an einer anderen Stelle greifen kann außer in der Mitte. Manche Hunde nehmen den starren und harten Gegenstand ungern auf – hier hast du die Möglichkeit, die Mitte zum Beispiel mit etwas Stoff zu umwickeln.

Eine weitere Möglichkeit, um sauberes Tragen zu verstärken, ist eine Halteübung. Der Hund soll dabei sitzen und lernen, einen Gegenstand aufzunehmen und zu halten. Hier kannst du gut steuern, wo der Hund den Gegenstand greift. Schau dabei immer, dass das Ganze nicht zu ernst für den Hund wird, damit er die Freude am Apportier-Gegenstand und die Freude an der Arbeit mit dir nicht verliert. Stopfe ihm den Gegenstand zum Beispiel nicht in den Fang. Hast du einen Hund, der sich dabei furchtbar langweilt, so ist das Halten als erster Schritt vielleicht nicht die richtige Methode für deinen Hund oder du musst noch schauen, welche Motivatoren du hierfür nehmen kannst. Um die einfache Aufnahme des Gegenstandes in das Maul des Hundes zu fördern, eignet sich wunderbar Klickertraining (bzw. Markertraining).

Video 12

Eine schöne Übung zum Stärken von Aufnahme und Abgabe zeigen wir dir im Video. →

»Ist der Hund gerade im Zahnwechsel, sollten keine harten Apportier-Gegenstände verwendet werden. Du solltest in dieser Zeit grundsätzlich vorsichtig sein, womit und ob du überhaupt das Apportieren übst.«

Klickertraining

Mit einem handelsüblichen Klicker kannst du perfekt getimed Handlungsmomente verstärken, die dir gut gefallen. Vorab sollte der Hund gelernt haben, dass jedes mal, wenn das Klick-Geräusch ertönt eine Belohnung folgt. Stell dir den Klicker dabei vor wie einen Fotoapparat: Klickst du im genau richtigen Moment, sollte auf dem Foto das gewünschte Verhalten zu sehen sein. Du kannst den Klick sehr gezielt setzen und es macht nichts, wenn die Belohnung danach erst ein paar Sekunden später kommt. Der Hund weiß wofür er belohnt wird und welches Verhalten für ihn in Zukunft lohnenswert ist. Beim sogenannten „Freien Formen" helfen wir dem Hund auf dem Weg zum gewünschten Verhalten nicht oder kaum. Er lernt selbst Verschiedenes anzubieten, in der Erwartung, dass eine der Handlungen dann auch mit einem Klick belohnt wird. Anstelle eines Klickers kannst du auch ein kurzes, prägnantes Markerwort (z.B. Jip, Yes, Top) nutzen.

Hat dein Hund verstanden, dass er selbst etwas anbieten muss, wenn du mit dem Klicker arbeitest, weiß er, dass er die Chance hat, seine Belohnung mit dem richtigen Verhalten auszulösen (**Klickertraining** bzw. **Freies Formen** sollte bei deinem Hund also bestenfalls schon bekannt sein). So ist es ein relativ leichter Prozess, dem Hund den Gegenstand in irgendeiner Form zu präsentieren und nach und nach das Verhalten zu formen, das du sehen möchtest. Ein erster Schritt kann also sein, dass du deinem Hund den Apportier-Gegenstand hinhältst. Jede Orientierung in Richtung des Gegenstandes zeichnest du zu Anfang mit einem Klick und einem Keks aus, sodass das Wittern oder vielleicht auch das Herangehen mit der Nase direkt bestätigt wird. Der Hund lernt, dass es wohl um den Gegenstand gehen muss. Schritt für Schritt änderst du dein Kriterium für den Klick, sodass relativ schnell das passiert, was wir dann auch gerne sehen möchten: Der Hund macht den nächsten Schritt, nimmt das Apportel in den Fang. Klappt das gut, änderst du wieder dein Belohnungskriterium und belohnst nur noch das mittige Fassen. So kannst du ein Wort für dieses Greifen etablieren, dem Hund die Möglichkeit geben, es richtig zu tragen – nämlich mittig – und verhindern, dass andere Verhaltensweisen überhaupt als lohnenswert erachtet werden.

(Foto: Thore Brockhoff, 202.de)

Gerade bei jungen Hunden passieren oft Fehler im Tragen, wenn bei Aufgaben schon normale Dummys genutzt werden. Der junge Hund kann natürlich schon eine gute Strecke geradeaus voran laufen, wenn er dann aber jedes Mal den großen 500 Gramm-Dummy findet, ihn an der Kordel nimmt, schlampig trägt und Quatsch macht, dann lernt der Hund jedes Mal, dass dieses Verhalten möglich ist. Nimmst du dies bei deinem Hund in der Aufgabe wahr (auch wenn es vielleicht vorher ohne große Aufregung schon super geklappt hat), so ist das für dich die Information, dass das korrekte Aufnehmen und saubere Tragen noch ein wenig geübt werden sollte, bevor du Aufgaben auf weitere Entfernungen arbeitest.

Jedes falsche Aufnehmen ist ein Pluspunkt für dieses Verhalten! Du kannst Management betreiben und etwa die Kordeln bei deinen Dummys zeitweise entfernen oder du klebst die Enden des Dummys mit Tape ab, sodass die Mitte als nicht beklebter Bereich für den Hund bleibt und er so animiert wird, die Mitte zu greifen. **Dieses Management kann funktionieren, muss es aber nicht und es schützt dich nicht vor gezieltem Training!** Übe etwa gezielt das Aufnehmen des Dummys, indem du den Dummy mit beiden Händen festhältst, dem Hund den Dummy anbietest und dabei mit deinen Händen die Enden verdeckst. So kann der Hund nur in der Mitte greifen. Versuche es statisch, etwa sitzend, oder aus der Bewegung – je nachdem, was deinem Hund leichter fällt. Bei schweren Dummys ist es aus der Bewegung in der Regel einfacher für den Hund, denn durch das Laufen bekommt er zusätzlich Schwung und kann so das Ganze deutlich einfacher ausgleichen.

Ganz viele Hunde, die nicht mittig nehmen oder nicht sauber tragen, haben zudem einfach noch Schwierigkeiten, das Gewicht über längere Zeit zu halten. Für uns ist es so selbstverständlich, dass der Hund mit dem Maul etwas aufnimmt und diesen Gegenstand über eine große Entfernung herumträgt. Wenn du das als Ex-

(Foto: Thore Brockhoff, 202.de)

»In schwierigem Gelände versuchen die Hunde beim Tragen ihr Gleichgewicht so gut es geht zu steuern und machen dabei die Wirbelsäule gerade – dazu zählt auch der Kopf. Und wenn der Kopf gerade ist und wie eine Balancierstange mit der Wirbelsäule fungiert, dann macht der Hund in der Regel auch den Fang deutlich fester zu.«

periment selber einmal machst, wirst du schnell merken, dass das Halten eines Gegenstandes, der sogar noch ein gewisses Gewicht mitbringt, lediglich mit dem Mund gar nicht so einfach ist. Schau einfach einmal, was alles beansprucht wird! Du brauchst zum einen das Kiefergelenk, du brauchst die Halsmuskulatur und noch viel mehr vom Körper, der den Rest ausgleichen muss. **Großes Gewicht im Fang zieht tatsächlich bis in den letzten Zeh hinein, um alles auszutarieren.** Es kann also sein, dass auch Gewichtstraining für deinen Hund relevant ist. Lass ihn über längere Zeit schwerere Gegenstände tragen und gib ihm die Chance, entsprechend Muskulatur aufzubauen.

Koordination und Ausgleichen ist ebenfalls eine Fertigkeit, die Hunde brauchen, um Gegenstände lange tragen zu können. **Als Übung, Gleichgewicht zu halten, kannst du zum Beispiel dreigeteilte Dummys nutzen.** Hier hast du in der Mitte sowie rechts und links schwer herabhängende Elemente. Es gibt sie als Dummys, in Tierform für jagdliches Training, aber auch als Spielzeugvarianten, die einfach in der Mitte einen greifbaren Gegenstand haben und entsprechend rechts und links gleich schwere Gewichte herunterhängen. Um Koordination zu fördern und dem Hund auch ein wenig den Gedanken an den getragenen Gegenstand zu nehmen, kannst du während des Tragens an Orte gehen, an denen der Hund sich koordinativ damit beschäftigen muss, wo er seine Pfoten hinsetzt. Er ist dann nicht mehr so darauf konzentriert, was er im Fang hat, sondern muss sich darauf fokussieren, wo er langläuft. **Gehe zum Beispiel in unebenes Gelände, wo dein Hund ein bisschen klettern muss.** Lass ihn über Hindernisse steigen (beispielsweise im Wald über ein paar Baumstämme) oder gehe mit ihm einfach mal ein Stück bergauf. Vielleicht hast du einen Damm oder Deich in deiner Nähe oder Berge und Hänge, an denen du den Hund ein bisschen hinaufklettern lassen kannst, während er einen Gegenstand hält. Auch Treppen sind ab einem gewissen Alter eine gute Idee. So kannst du ihm ein wenig das Tragen vereinfachen, während er gar nicht mehr darüber nachdenkt, dass er noch trägt.

Trägt ein Hund "sloppy", nimmt er in Kauf, dass der Dummy dem Fang entgleitet. Das sollte möglichst nicht passieren! Eine Außnahme sind sehr warme Temperaturen ... (Foto: Thore Brockhoff, 202.de)

In schwierigem Gelände versuchen die Hunde beim Tragen ihr Gleichgewicht so gut es geht zu steuern und machen dabei die Wirbelsäule gerade – dazu zählt auch der Kopf. Und wenn der Kopf gerade ist und wie eine Balancierstange mit der Wirbelsäule fungiert, dann macht der Hund in der Regel auch den Fang deutlich fester zu.

Es gibt Dummys, die sehen exakt so aus wie ein 500 Gramm Standard-Dummy, sind aber 1.000 Gramm schwer; sie nennen sich Trainer-Dummys. Das Spannende daran: Der Hund ist in der Erwartung eines bestimmten Gewichts – dem Gewicht, das er mit den Standard-Dummys verknüpft hat. Bei der Aufnahme merkt er aber, dass der Dummy deutlich schwerer ist. Er muss fester zupacken und das Gewicht neu austarieren. Übe ich eine Weile mit den Trainer-Dummys, passieren zwei Dinge: Zum einen wird der Hund geschickter im Umgang mit Dummys, zum anderen fällt ihm dann das Tragen der 500 Gramm-Dummys deutlich leichter. **Grundsätzlich solltest du die Gegenstände, die du nutzt, gut auswählen und dem Alter und Ausbildungsstand entsprechend anpassen.**

Eine kleine Unart ist es, das nicht korrekte Tragen am Ende der Aufgabe, also beim Bringen, zu korrigieren. Überlege dir hier genau, ob du dies wirklich tun willst oder nicht. Trägt der Hund nicht sauber, so hat er vielleicht bisher einfach nicht das Richtige gelernt. Gehst du nun hin und korrigierst den Hund beim Zutragen, vielleicht sogar recht wirsch, so verbinden die Hunde dies in der Regel mit dem Zurückkommen. Freudiges Zu-dir-Zurückkommen im schnellen Tempo wird dadurch eher nicht gefördert. **Übe also das Festhalten lieber noch separat zu den Apportier-Aufgaben.** Sicherlich kannst du spielerisch den Dummy nochmal nehmen, beide Enden abdecken, den Hund mittig greifen lassen und es ihm dann ausnehmen, sodass er es noch einmal in deine Hand abgegeben hat. Wenn der Hund nicht sauber trägt und er ein wenig unru-

Vorsicht: Wenn die Temperaturen sehr warm sind, neigen Hunde dazu, den Dummy „schlampig" zu tragen. Warum? Hunde regulieren ihre Körpertemperatur, indem sie hecheln. Blockiert der Dummy den Fang, ist dieses Hecheln nur begrenzt möglich. Lass es also bei Hitze zu, dass der Hund den Dummy unsauber trägt, wenn er es grundsätzlich gut und korrekt macht!

hig zu dir gelaufen kommt, reagiere nicht zu viel verbal! Manche Hunde fühlen sich dadurch noch mehr unter Druck gesetzt. Manchmal ist es ganz gut, wenn du dem Hund etwas entgegengehst, ihm ein bisschen Ruhe vermittelst, den Hund absetzt, das Tempo rausnimmst, ihn den Dummy noch einmal nehmen lässt, um ihn dann damit auf dich zukommen zu lassen, ganz in Ruhe.

SPINNING

Nein, hier ist nicht das Fahrradfahren im Fitnessstudio gemeint. Spinning ist ein Problem, das in der Dummy-Arbeit immer häufiger auftaucht. Beim Spinning dreht sich der Hund beim Schicken, meist beim Einweisen, (teilweise mehrfach) um die eigene Achse. Das kann schon direkt vom Bein weg geschehen oder auch erst, wenn der Hund schon ein wenig weiter weg ist. Häufig ist das Spinning eine Übersprungshandlung, einem „Knoten im Hirn" geschuldet. Meist tritt es bei sehr (beute-) motivierten Hundetypen auf, die gleichzeitig alles richtig machen möchten. Der Hund ist einen Moment verwirrt, weiß vielleicht nicht mehr genau, wo es hingehen soll, die Beine sagen aber: „Renn!" Das Ergebnis: Der Hund rennt im Kreis. Manche Hunde rennen danach weiter, andere brechen ab, bleiben stehen oder kommen zurück.

(Foto: Thore Brockhoff, 202.de)

Grund für diese Übersprungshandlung ist fast immer zu schwieriges Training. Man ist zu schnell zu viele Schritte gegangen, ohne dass der Hund gedanklich folgen konnte. Vielleicht wurden auch schon Blinds gearbeitet, bevor das Konzept des „Vorans" komplett vom Hund verinnerlicht wurde. Es ist ein Zeichen großer Verunsicherung. **Dein Hund braucht mehr Verständis dafür, worum es geht, und mehr Sicherheit.** Wie jedes Verhalten, das wir nicht sehen möchten, sollte der Hund auch hier keine Chance haben, das Verhalten einzuüben, sprich immer wieder zeigen zu können, denn unsere Hunde sind Gewohnheitstiere und lernen viel über immer gleiche Abläufe. Prägt sich das Drehen zu sehr ein, wird es für den Hund irgendwann – etwa zum Einweisen – dazugehören. Arbeite also unbedingt daran!

Wie das geht? Relativ simpel: Mach dein Training einfacher! Gestalte klare Punkte für deinen Hund, damit er weiß, wo es hingeht. **Passe deine Distanzen an das Gelände und den aktuellen Leistungsstand deines Hundes an!** Eine schöne kleine Hilfe sind weiße Stäbe im Gelände oder zum Beispiel Dummys, die du mit einem Stück weißem Gaffa-Tape rundum einmal markierst und sie aufstellst, anstatt sie in die Wiese zu werfen. So hat der Hund schnell ein sichtbares Feedback, wenn er in Richtung Dummy läuft.

Eine andere tolle Möglichkeit, um Spinning zu kurieren, ist die Nutzung eines Ballwerfers (alternativ Balldroppers). Dabei richtest du im ersten Schritt deinen Hund in Richtung Ballwerfer aus. Nimm deine Einweisehand nach vorn, löse den Ballwerfer aus und schicke deinen Hund

(Foto: Thore Brockhoff, 202.de)

voran! Idealerweise nutzt du hierfür einen gut sichtbaren, hellen Ball. Im nächsten Schritt schickst du den Hund zuerst voran und löst dann erst den Ballwerfer aus. Das muss zu Anfang schnell geschehen, BEVOR der Hund wieder auf die Idee kommt, sich zu drehen. Steigere langsam die Entfernung, die der Hund gehen muss, bevor der Dummywerfer ausgelöst wird! **Das Tolle am Ballwerfer: Der Hund bekommt sofort ein Feedback für schönes, motiviertes Geradeaus-Laufen ohne Zögern und Nachdenken.** Bei manchen Ballwerfern kannst du auch einen Pieps-Ton aktivieren, bevor der Ball nach oben schleudert. Das hilft zusätzlich, falls der Hund Schwierigkeiten haben sollte, den Ball zu sehen, und wirkt als Markersignal – es kündigt den Ballwurf an und wird nach einigen Wiederholungen den Blick des Hundes in Richtung Ballwerfer ziehen. Übrigens: Diese Übung ist auch eine tolle Möglichkeit, um dein Signal fürs Pushen aufzubauen und zu stärken. **Vorsicht:** Dein Timing ist hier von großer Bedeutung! Der Ball muss immer ausgelöst werden, BEVOR der Hund Fehlverhalten zeigt! Fliegt der Ball zu spät, belohnst du im Zweifel Unerwünschtes. Arbeitest du kleinschrittig, bist du auf der sicheren Seite.

Ganz ähnlich können wir das Training übrigens angehen, wenn der Hund beim Herauslaufen fragt oder gar nicht erst geht – also blockiert. Vielleicht ist das Ziel für den Hund noch nicht klar, vielleicht hast du deinen Hund zu häufig gestoppt, vielleicht war dein Training ein wenig zu schwer, vielleicht war zu viel Druck in deinen letzten Übungen. Folgendes solltest du auch immer im Hinterkopf haben: **Dein Hund macht vielleicht einfach gerade einen Entwicklungsschritt und seine Nervenzellen werden neu vernetzt, weshalb es zu einigen gedanklichen Aussetzern kommt.** Manchmal hilft es daher tatsächlich auch, einfach mal eine Weile piano zu machen, damit sich neues Verhalten im Hirn verankern darf, bevor wir es wieder abfragen.

(Foto: Thore Brockhoff, 202.de)

Video 13

Schonmal mit einem Ballwerfer trainiert? Im Video zeigen wir dir, wie du ihn zum Stärken deines "Voran-Signals" nutzen kannst. →

Wie Pfeil und Bogen

Denke bei deinem Einweise-Ritual immer ein wenig an einen Schützen mit Pfeil und Bogen. Wenn unsere Hand nach vorne geht, spannen wir den Bogen, der Hundehals wird lang, der Fokus nach vorne stärker, der Hundekörper baut Spannung auf. Mit unserem „Voran"-Signal lassen wir den Pfeil los und der Hund startet. Viele Arbeitsrassen bringen diese Spannung und Motivation mit – diese muss man eher ein wenig einbremsen. Bei einigen Hunden lohnt es sich aber, dieses Ritual extra spannend und bedeutungsvoll zu gestalten, um mehr Gehfreude zu bekommen.

»Richtige „Blinds" trainieren wir dabei nur selten – vielmehr geht es im Training darum, den Hund aus verschiedenen Richtungen und mit unterschiedlichem Gelände, verschiedenen Hindernissen, Entfernungen und Winkeln an bekannte oder gekennzeichnete Punkte zu schicken.«

(Foto: Thore Brockhoff / 202.de)

AUFBAU VON BLINDS

Auch den so wichtigen Blinds soll hier noch Beachtung geschenkt werden. Gerne werden hier die Begrifflichkeiten ein wenig gemischt. Von Half-Blind zu Voll-Blind ist alles dabei – tatsächlich ist ein „Blind" aber nichts anderes, als dass ich meinen Hund (möglichst) in gerader Linie zu einer Stelle schicke, an der sich für ihn keinerlei Anhaltspunkte befinden, dass dort Beute sein könnte. Es ist keine Stelle, die der Hund kennt oder an der er schon einmal war. Der Hund hat nicht mitbekommen, dass dort Beute platziert wurde, und ich habe dort keinen Stab, kein stehendes Dummy, keinen Schuss, keine Spuren – nichts dergleichen. Der Hund muss also vollstes Vertrauen darauf haben, dass sich in der Richtung, die ich ihm zeige, Beute für ihn befindet.

Neben dem Vertrauen in die Hand sind weitere Fähigkeiten nötig, damit mein Hund zuverlässig Blinds arbeiten kann. Der Hund benötigt einen großen Drang nach vorne und die Motivation zu rennen und Beute zu finden. Dieses Rennen sollte in möglichst geraden Linien ablaufen, denn je gerader der Hund rennt, desto größer die Chance, dass er am richtigen Punkt ankommt, ohne dass ich viel handeln muss. Der Hund braucht dafür einen Fokus nach vorne, auch damit ich sichergehen kann, dass er in die richtige Richtung rennt, sowie eine gerade Fußposition, damit er möglichst gerade hinausläuft. Viele Elemente unseres Trainings finden hier also Anwendung und werden auf die Probe gestellt. Alles beginnt mit dem richtigen Ritual.

Unser Einweise-Ritual sollten wir immer gleich penibel ausführen, egal ob wir den Hund auf bekannte Stellen, Stäbe oder eben Blinds voranschicken. Hier erleben wir häufig, dass auf bekannte Stellen schlampig geschickt wird, denn „der Hund weiß ja eh, wo er hin muss". Wir versuchen hier aber ein Ritual aufzubauen, das IMMER funktioniert, egal ob der Hund weiß, wo er hin muss oder eben nicht. Dafür muss dieses Ritual auch immer gleich ablaufen. Dies könnte folgendermaßen aussehen: Konzentriere dich zunächst auf dich selbst und richte deinen Körper in die richtige Richtung aus. Hole dann den Hund gerade zu dir ans Bein! Die Wirbelsäule und der Kopf deines Hundes sollten in einer Linie mit der Stelle sein, an die du deinen Hund schicken möchtest. Nun kannst du dir bereits zu einem großen Teil sicher sein, dass der Hund geradlinig hinausläuft, denn er ist bereits perfekt ausgerichtet. Deine Hand, die nun nach vorne geht, ist nur noch Bonus-Information. Mit ihr versuchen wir, die Spannung des Hundes nach vorne weiter zu steigern und das genaue Ziel vorzugeben. Erst wenn der Hund schön in Richtung Ziel fokussiert, der Hals lang wird, der Hund unter Spannung ist, dann erst geben wir unser akustisches Signal, woraufhin der Hund losrennen darf. Unsere Hand bleibt derweil stehen. Viele Fehler entstehen bereits hier: Menschen richten sich zum Hund hin aus, statt dass sie darauf achten, dass der Hund sich nach ihnen ausrichtet. Der Hund sitzt nicht gerade am Bein, schaut beim Schicken in eine vollkommen andere Richtung, schaut vielleicht sogar den Menschen an. Mehr dazu findest du im Kapitel zur Körpersprache beim Handling.

Für den nötigen Drang nach vorne brauche ich möglichst viele Situationen, in denen der Hund üben durfte, dass sich schwungvolle gerade Linien nach vorne lohnen und dass man zur Beute häufig ein ganz schönes Stück laufen muss.

Richtige „Blinds" trainieren wir dabei nur selten – vielmehr geht es im Training darum, den Hund aus verschiedenen Richtungen und mit unterschiedlichem Gelände, verschiedenen Hindernissen, Entfernungen und Winkeln an bekannte oder gekennzeichnete Punkte zu schicken. Das üben wir häufig und in großer Varianz. Bald ist eine so große Motivation im Hund generiert, dass es ihm egal ist, ob er sich nicht mehr ganz sicher ist, wo er hin muss. Er läuft trotzdem motiviert los. Wenn wir Blinds üben, dann nur zur Abfrage, ob der Hund es leisten kann und im Ernstfall unser Handling sauber und motiviert annehmen kann.

Video 14

Wie kannst du deinem Hund verschiedene Punkte bekannt machen? Wir zeigen's dir im Video! →

Video 15

Den Hund immer wieder von einer anderen Richtung an die gleiche Stelle schicken verändert das Bild und erzeugt immer neue Linien. Wie das klappen kann siehst du im Video! →

Punkte bekannt machen

Es gibt mehrere Möglichkeiten, dem Hund Punkte bekannt zu machen, an die wir ihn im Training immer wieder schicken möchten. 1. Markierungen werfen: Stellen, an denen einmal geworfene Dummys lagen (die dein Hund apportiert hat), kannst du nutzen, um ihn aus verschiedenen Richtungen wieder dorthin zu schicken. 2. Eine Sichthilfe geben: Stecke an die Stelle, an die du den Hund schickst, eine gut sichtbare Hilfe wie etwa einen weißen Stab. Natürlich solltest du den Hund vorab damit vertraut machen, dass sich an diesem Stab Beute finden lässt. 3. Kleine Suche: Mach mit deinem Hund an einer bestimmten Stelle einen Suchen-Pfiff, woraufhin er Beute findet. Auch diese Stelle ist nun bekannt und variabel nutzbar. Du kannst natürlich auch einfach 4. ein wenig Fußarbeit mit deinem Hund machen und mit ihm gemeinsam Dummys auslegen. Grundsätzlich sind alle Punkte, an denen der Hund bereits Beute-Erfolg hatte, nutzbar. Beutegreifer wie unsere Hunde können sich Stellen, an denen es einmal Beute gab, sehr gut merken. Das ergibt evolutionsbiologisch absolut Sinn, denn da, wo es gute Nahrung gibt, da lohnt es sich, häufiger vorbeizuschauen.

Lernen in Bildern

Unsere Hunde sind sehr gut darin, sich bestimmte Punkte einzuprägen, indem sie sich ein mentales Bild von der Lage machen. Stell dir also vor, wir nehmen unseren Hund mit zum Auslegen eines Dummys. Wir lassen ihn sitzen und platzieren den Dummy etwa unter einem großen Baum. Der Hund macht sich hier von der Stelle unter dem Baum ein Bild. Im ersten Schritt gehen wir in gerader Linie vom Dummy weg. Drehen wir uns nun zum Dummy um, hat der Hund das gleiche Bild wie vorher, nur herausgezoomt. Es wird ihm also relativ leicht fallen, zum Dummy zu laufen. Je näher er kommt, desto mehr ähnelt das Bild, das er vor Augen hat, wieder seinem alten Bild, das er beim Auslegen abgespeichert hatte.

Beim nächsten Mal läufst du vielleicht nicht nur gerade vom Dummy weg, sondern bewegst dich dann mit dem Hund auch noch nach links weg und änderst die Linie, die der Hund zum Dummy bewältigen muss. Das ist schon schwieriger. Zum einen, weil der Hund nun selbstständig eine neue Linie laufen muss (die er noch nicht mit dir zusammen gegangen ist), zum anderen, weil die Perspektive zum Dummy sich jetzt nicht nur herausgezoomt hat, sondern auch nach links verschoben hat. Das ursprüngliche Bild hat sich stark verändert. Viele Hunde neigen hier dazu, auf die alte Linie zurückzulaufen – achte also unbedingt darauf, dass du dich nach links und NICHT nach rechts wegbewegst! Führst du deinen Hund links, bist du dann zwischen der alten Linie und dem Hund. Das verringert das Risiko, dass der Hund die bekannte Linie nutzt, um zum Dummy zu gelangen.

Das kannst du so weit erschweren, bis du mit dem Hund einen Dummy auslegst, dann einmal (je nach Gelände) komplett um die Stelle außen herum läufst und ihn von der anderen Seite zum Dummy schickst. Hier haben wir das Bild des Hundes komplett geändert. Er muss es schaffen, selbstständig genug Motivation aufzubringen, in die angezeigte Richtung zu rennen. Aber: Je näher er der Stelle kommt, desto mehr wird sie ihm wieder bekannt vorkommen und er bekommt Sicherheit darin. Kombiniere das noch mit ein paar Verleitungen und anderen spannenden Punkten, dann hast du schon ein sehr anspruchsvolles Training, ohne wirklich Blinds zu arbeiten.

Natürlich funktioniert dieses Prinzip auch mit weißen Stäben, zu denen der Hund gelernt hat zu rennen, die er zunächst direkt, dann immer später zu Gesicht bekommt. Am besten kombinierst du – wie gesagt – beide Varianten für einen Hund, der voller Selbstvertrauen und Geschwindigkeit den Weg nach vorne antritt.

Grundsätzlich sind wir nicht Team Stab oder Team Bekannte-Punkte. Wir nutzen gerne alle Möglichkeiten, die es gibt, um das Konzept Geradeaus-Laufen zu generalisieren.

DER HUND NIMMT NICHT DIE KORREKTE SEITE FÜR DAS „BACK" AN

Als „Back" bezeichnen wir beim Dummy-Training die Situation, dass der Hund zu dir gewandt steht oder sitzt, sich dann um 180 Grad drehen und weiter von dir geradeaus weglaufen soll. Es gibt gute Gründe, die dafür sprechen, dem Hund beizubringen, dass er sich hier sowohl über die rechte Schulter als auch über die linke Schulter drehen lernt – je nachdem, welche Seite ich dem Hund anzeige. Nutze ich die linke Hand, soll der Hund sich über seine rechte Schulter drehen, ist meine rechte Hand oben, soll der Hund sich über die linke Schulter nach hinten drehen.

Sinnvoll ist das zum Beispiel, wenn ich Verleitungen habe. In dem Moment, wo der Hund sich umdreht, hat er ein Sichtfeld auf alles, was seitlich von ihm passiert. So musst du damit rechnen, dass Verleitungen, zu dieser Seite hin ausgerichtet, grundsätzlich eine große Herausforderung für den Hund darstellen. Ist links eine Verleitung (weil dort eine alte Fallstelle ist, eine Markierung gefallen ist oder Ähnliches), ist es toll, wenn ich die Möglichkeit habe, meinen Hund über die andere Seite „Back" zu schicken. So mache ich mir das Leben ein wenig leichter. **Natürlich soll der Hund im Training lernen, trotz Verleitung das „Back" richtig anzunehmen – im realen Einsatz habe ich aber ein Tool mehr, um den Hund sicher zu führen.** Bist du in einer Landschaft, die eher ein bisschen hügelig ist, so empfiehlt es sich immer, dass der Hund sich über die hangaufwärts gerichtete Seite dreht – ganz einfach weil er sonst, der Schwerkraft folgend, sehr stark von deiner Linie abweichen könnte. Und je mehr du einen Hund am Hang verlierst, desto schwieriger wird es, ihn wieder hochzuholen und weiter zu handeln. Über die richtige Schulter „Back" geschickt, kann ich diesen Mangel ausgleichen. Auch für minimale Korrekturen der Linie ist das Drehen über verschiedene Schultern hilfreich. Vielleicht möchtest du ein Geländehindernis umgehen (z.B. eine Hecke), woran sich der Hund vorbei bewegen soll. Auch kann es sein, dass der Hund durch die leichte Drehung in die richtige Richtung und das Gerade-nach-hinten-Laufen besser in den Wind hineinkommt, als es über die andere Seite möglich wäre. Es gibt einige gute Gründe, weswegen es nicht verkehrt ist, dass ein Hund beide Seiten nutzen lernt.

Wenn wir solch eine Übung zum allerersten Mal mit dem Hund machen, freuen wir uns natürlich, dass der Hund der neuen Körpersprache folgt, und legen für die erste Einheit nicht den Fokus auf das korrekte Annehmen der richtigen Hand. Erst einmal ist es super, dass der Hund sich überhaupt nach hinten dreht. Recht zügig sollten wir jedoch das Beachten der gezeigten Seite einhalten. Denn: Der Hund wird sich immer für das gezeigte Verhalten mit dem Dummy am Ende belohnen. Je länger ich mir dies anschaue und umso mehr dieses Verhalten gefestigt wird, desto schwieriger wird es, das Verhalten wieder zu korrigieren. Sollten wir jetzt eine Zahl nennen, würde ich sagen: Zwei Trainingseinheiten gehe ich damit konform, dass der Hund sich überhaupt dreht und überhaupt die Körpersprache annimmt. Danach möchte ich auf die korrekte Seitenannahme achten.

Wie kann ich nun verhindern, dass der Hund die falsche Seite nutzt? Machen wir dazu erst einen kurzen Gedanken-Ausflug! Die Seite, die der Hund spontan anbietet, wenn er sich dreht, ist seine bevorzugte Seite. Dein Hund ist also rechts- oder linkshändig (das ist übrigens jedes Säugetier). **So hat die eine Seite für den Hund deutlich mehr Sicherheit und deutlich mehr Kontrollierbarkeit als die andere.** Probier einmal aus, obwohl du Rechtshänder bist, mit links zu schreiben. Diese Zeilen werden erst einmal chaotisch aussehen. Mit der Zeit wird das Schreiben mit links für dich leichter. Hierfür ist eines wichtig: Übung! Das bedeutet im Umkehrschluss für das Training mit deinem Hund: Übe besonders die Seite, die deinem Hund schwerfällt! Haben wir beispielsweise einen Hund, der seine rechte Seite lieber nutzt als seine linke, so würde ich grob behaupten, dass wir die rechte Seite zu 30 %, seine linke zu 70 % im Training nutzen sollten.

(Thore Brockhoff, 202.de)

Es gibt ein paar Möglichkeiten des Managements, um das Drehen über die richtige Seite möglichst ohne Korrektur erst einmal zu forcieren. Wir können uns etwa das Gelände zunutze machen. Hunde drehen sich beispielsweise nur sehr ungern in Kanten hinein. Das bedeutet, dass jeder Geländeübergang, also in etwa ein Wegrand oder ein Waldrand – alternativ tatsächliche Hindernisse wie eine Hecke oder ein Zaun – wunderbar dafür genutzt werden können. Ich setze dazu den Hund mit der Seite, über die ich ihn nicht drehen lassen möchte, nah an diese Kante. Sich zur anderen, freien Seite zu drehen, ist so für den Hund deutlich leichter, weshalb er es auch eher tun wird. Gerade für den Start sollten wir uns hier möglichst oft behelfen.

Video 16

Eine Variante, wie du das Back mit deinem Hund aufbauen kannst, zeigen wir dir hier! →

Was ich dir nicht empfehle zu tun, wäre beispielsweise, den Hund schon etwas schief abzusetzen, um ihm quasi die Richtung schon ein bisschen vorzugeben. In der ersten Phase willst du dem Hund die gewünschte Fertigkeit erklären. Erklären wir sie so, wie sie später auf Entfernung definitiv für ihn körperlich NICHT ablaufen wird, haben wir ihm die Reproduzierbarkeit im späteren Verlauf nicht wirklich leicht gemacht. Also merke dir: **Der Hund sollte zum Üben von „Back" gerade sitzen. Später werden dann Dummy, Hund und du eine exakt gerade Linie bilden, hier darfst du im Training ein wenig variieren.**

Platziere zu Anfang den Dummy recht nahe beim Hund. Hat er sich gedreht, soll er ihn möglichst direkt wahrnehmen können. Hier ist es dir erlaubt, deinen Apportier-Gegenstand auch ein wenig auf der Seite zu platzieren, zu der der Hund sich im Endeffekt drehen soll, so sieht er ihn nach dem Umdrehen noch besser und schneller (zum Beispiel auf der gegenüberliegenden Seite eines Weges – siehe Video). Klappt das mit dem Apportieren bei euch noch nicht so gut, kannst du hier selbstverständlich auch erst einmal mit der Futterschüssel arbeiten, also den Hund auf deine Körpersprache hin zur Futterschüssel umdrehen lassen.

Wenn du nun keine Geländekante hast, an der du gerade übst, versuche folgendes Setup: Anstatt den Hund ein bisschen schief abzusetzen, bewegst du dich in Richtung der korrekten Seite. Der Dummy, dein Hund und du, ihr bildet zusammen zunächst eine gerade Linie. Erst einmal stehst du nicht so weit weg vom Hund – maximal fünf Meter. Möchtest du zu der Seite hin arbeiten, die dem Hund schwerfällt, kannst du dich nun seitlich bewegen, um diese Seite zu betonen. Wenn du deinen Hund etwa über seine linke Seite drehen lassen möchtest, trittst du zwei Schritte seitlich nach rechts. Nimmt dein Hund eine leichte Drehung in die Richtung vor? **Hat er sich über die Schulter vielleicht sogar schon umgeschaut? Das ist immer ein gutes Zeichen, dass es gleich prima funktionieren wird.** Tut er das nicht, kannst du dich noch ein bisschen weiter seitlich versetzen und in sehr hartnäckigen Fällen sogar noch einen Schritt nach vorne gehen. Spanne deinen Hund in Richtung Dummy! Denke an den Bogen, den du spannst, wo es nur noch eine Richtung gibt, nämlich über die Seite, zu der du ihn gezogen hast. Natürlich baue ich diese Hilfen später Schritt für Schritt ab und steigere die Entfernung. Der Hund bewegt sich aber von Anfang an so, wie er es später auch im Feld tun soll. Somit nutze ich hier keine Hilfe, die mir später ein körperlich abgespeichertes, falsches Programm bei meinem Hund produziert.

Sicherlich gibt es sehr große Unterschiede, wie stark diese Seitendifferenz bei Hunden ausgebildet ist. So wie bei uns Menschen gibt es auch Hunde, die beide Seiten ganz gut bedienen können. Andere wiederum haben große Schwierigkeiten mit der ihnen nicht so liegenden Seite. Nicht selten sehen wir Hunde, die sich zu ihrer Lieblingsseite hin umdrehen und ganz normal in Richtung Dummy losflitzen. Nutzen sie aus Versehen oder durch gute Hilfestellung die ihnen schwer fallende Seite, so wirken sie nahezu orientierungslos oder wissen nicht zu hundert

Muscle Memory

Der Hundekörper speichert einen gewissen Bewegungsablauf, der nach genug Wiederholungen wie ein Automatismus funktioniert. Ähnlich geht es uns etwa beim Autofahren. Zu Anfang müssen wir uns sehr konzentrieren, die Abläufe lernen, wann drücke ich die Kupplung, wann das Gas, der Blick in den Rückspiegel und und und. Irgendwann müssen wir über diese Abläufe nicht mehr nachdenken, es funktioniert automatisch. Achte darauf, dass dein Hund im Training von Anfang an den richtigen Bewegungsablauf lernt, so kann er diesen viel schneller und sicherer abspeichern, immer direkt umsetzen und gleich ausführen.

(Foto: Thore Brockhoff / 202.de)

Prozent, was sie tun sollen. Häufig stoppen sie noch einmal kurz ab, bleiben stehen oder drehen sich um. Je unterschiedlicher das Verhalten bei beiden Seiten ist, desto länger und desto sorgfältiger solltest du dein Training darauf ausrichten.

Klappt es bei dir trotzdem noch nicht? Dann versuche das: Du kannst den Hund vor dir sitzen lassen und während er dort sitzt einen Dummy an der Seite an ihm vorbei werfen, zu der er drehen soll. Hier nutzt du den gerade erfolgten Reiz, um den Hund für eine Drehung zur richtigen Seite zu animieren. Das ist nicht die Supermethode und du solltest das nicht zu lange tun. Geht aber überhaupt nichts von den anderen Tricks, so kannst du so das Verhalten, das du sehen möchtest, herauskitzeln.

Vergrößerst du die Entfernung von dir zum Hund und arbeitest knifflige Situationen, so kann es selbstverständlich schnell passieren, dass die falsche Seite nochmal genutzt wird. Schau genau hin und sei dir bewusst, dass dieses Verhalten möglichst nicht zum Erfolg führen sollte! Bleibe auch bei größeren Entfernungen beharrlich und unterbreche deinen Hund nach dem falschen Drehen gerne freundlich! Lass ihn stoppen, unterbrich ihn verbal, setze ihn wieder zurück in die Position und nutze die Hilfestellung mit dem seitlichen Versatz gerne auch dann wieder auf größeren Entfernungen!

Nun kannst du vielleicht den Eindruck gewinnen, dass dies sehr penibel ist und warum und wozu das Ganze überhaupt notwendig ist. Vielleicht bist du froh, wenn der Hund sich überhaupt über eine Seite

An Ort und Stelle engmaschig suchen, ist das Verhalten, das wir auf den Suchen-Pfiff hin sehen wollen. (Foto: Thore Brockhoff, 202.de) →

dreht. Grundsätzlich ist es natürlich so: je intensiver du Dummy-Arbeit betreiben möchtest, desto klarer und sorgfältiger sollten die einzelnen notwendigen Kommandos aufgebaut sein. Wir können dir versichern, dass es für jeden Hund gut möglich ist, es zu lernen. Wichtig ist einfach nur, dass du von vornherein konsequent auf den Unterschied zwischen den beiden Seiten achtest. Selbstverständlich spielt auch hier deine Körpersprache eine große Rolle. Diese muss für den Hund gut verständlich und insbesondere auch auf Entfernung noch gut sichtbar und nachvollziehbar sein (siehe Kapitel zur Körpersprache).

DER HUND WIRD IN DER KLEINEN SUCHE SCHNELL GROSS

Eine Sache, die uns Trainern häufig berichtet wird, ist, dass der Hund in der kleinen Suche zu schnell sehr großräumig wird und das Gebiet, was wir ihm durch unseren Pfiff vorgegeben haben, schnell verlässt. Eigentlich sind alle uns berichteten Situationen Trainingsfehlern geschuldet. Selbstverständlich gibt es superschnelle Hunde, bei denen es sicher häufiger passiert als bei etwas langsamer arbeitenden Hunden, aber wichtig ist – wie so soft – das kleinschrittige Arbeiten in der Konditionierungsphase. Ich muss sichergehen, welches Verhalten wirklich mit dem Suchen-Pfiff verknüpft wird. Die erste Frage lautet also: Wie lange und wie intensiv wurde die kleine Suche in Kom-

bination mit dem Suchen-Pfiff geübt? **Ist hier wirklich die Verhaltensweise ‚Aufstehen und klein suchen' konditioniert?** Oder, und das gilt es dann herauszufinden, ist der Hund einfach nur mit dem Suchen-Pfiff beschallt worden in Momenten, wo er gesucht hat?

Die klare Festlegung davon, was für Tätigkeiten wir beim Suchen haben wollen, ist wichtig. Wie viele ‚Suchen' wir unterscheiden möchten, hängt von uns ab. Klassischerweise gibt es die Freiverlorensuche (weiträumig und weitestgehend selbstständig) und eben den Suchen-Pfiff (kleine Suche, kleinräumig an Ort und Stelle suchen, wo der Pfiff ertönt). Manche bringen hier noch eine mittlere Suche (größeres Gebiet als kleine Suche, etwa Gräben absuchen) oder ein Buschieren (Suche vor dem Menschen in Bewegung) hinzu. Wichtig ist, dass der Hund bei jedem Signal weiß, was seine genaue Aufgabe ist. Ich empfehle grundsätzlich, in der Dummy-Arbeit lediglich eine kleine von einer großen Suche zu unterscheiden. Selbstverständlich kann aus einer kleinen Suche auch eine Schleppe entwickelt werden, was dann dem jagdlichen Arbeiten zu Gute kommt. Hier lernt der Hund klein anzudocken, um dann groß herauszusuchen.

Wenn der Hund in der Suche zu schnell wird, ist er meist nicht genau unterwegs. Er hat nicht gelernt, dass die Verbindung des Pfiffs unmittelbar mit dem Ort zu tun hat. Achte also immer sehr genau darauf, wo du deinen Suchen-Pfiff machst! **Ganz oft fällt auf, dass der Pfiff an ganz vielen Stellen gemacht wird, wo der Hund überhaupt keine Witterung bekommen**

kann. Welche Information wird an den Hund übermittelt? Richtig, dass der Pfiff wenig hilfreich ist, weil sich dort keine Beute finden lässt.

Auch sollte es einen Unterschied machen, ob ich einem Hund den Suchen-Pfiff gerade beibringe oder ob er das Signal schon kennt. Am Anfang pfeife ich am liebsten nur dann, wenn der Hund unmittelbar davor ist, die Beute in die Nase zu bekommen. Wenn er also nah an den Dummy herankommt und man wahrnimmt, dass er Witterung aufnimmt. **Wir möchten diese Witterung unmittelbar vor dem Picken des Gegenstandes mit dem Suchen-Pfiff verbinden.** Das ist wichtig, denn wenn wir dauernd pfeifen, wissen wir ja nicht, was der Hund gerade in der Nase hat und was er überhaupt gerade tut. Lerne die Situation ganz genau einzuschätzen – insbesondere bei Hunden, die zu schnell groß werden, ist das wichtig oder auch bei Hunden, die gerne auch mal etwas anderes suchen (z. B. Mäuse).

Häufig mangelt es an der Differenzierung zwischen der Aufgabenstellung, dass es sich jetzt um eine kleine Suche handelt und bei einem anderen Mal um eine große Suche. Sehr häufig beobachten wir, dass in Gebieten, in denen eigentlich das Signal für die große Suche angebracht wäre, dennoch mit einem Suchen-Pfiff gearbei-

(Foto: Thore Brockhoff, 202.de)

tet wird. Der Hund arbeitet also frei und selbstständig, obwohl ich eigentlich auf den Pfiff hin eine kontrollierte Suche auf der Stelle haben möchte. Was lernt der Hund? Im Zweifel, dass der Pfiff irgendwas mit Suchen heißt, aber nicht mehr. Ganz wichtig ist hier, dass ich noch einmal für mich überlege: Was verstehe ich unter einer großen Suche? Was verstehe ich unter einer kleinen Suche? In welcher Situation nutze ich welches Kommando? Definiere den genauen Bereich für dich und berücksichtige entsprechend den Wind! Oft kann hier schon die Ursache dafür gefunden werden, warum der Hund beim Suchen-Pfiff schnell großflächig sucht.

Was vielen sehr schnellen Hunden hilft, ist, ihn im Gebiet erst einmal zu stoppen. Hier haben wir lediglich die Schwierigkeit, dass der Stopp-Pfiff sauber sitzen muss, trotz der Suche, die danach folgt. Und: Der Hund sollte in dem Moment, in dem ich den Stopp-Pfiff gebe, den Dummy nicht schon in der Nase haben. Kann ich dies sauber trennen, so ist es durchaus möglich, diese Situation in Erwägung zu ziehen. **Der Stopp-Pfiff sollte nie zugunsten des Suchen-Pfiffs leiden, etwa weil er wegen bereits wahrgenommener Beute vom Hund ignoriert wird.**

Übe für einen sicheren Suchen-Pfiff gezielt die räumlich begrenzte, intensive Suche an Ort und Stelle – erst im Nahbereich, dann wenn der Hund sich weiter weg von dir befindet! Das Gelände kann helfen, indem dein Suchen-Bereich ein klar abgegrenzter Busch oder Wiesenabschnitt ist. Stemple den Bereich (verteile viel Geruch an der Stelle, an der dein Hund suchen soll, indem du Gegenstände an den Boden drückst und wieder aufhebst) und nutze im Training kleine Gegenstände! **Die großen 500 g Dummys sind echte Geruchsbomben und verleiten dazu, einmal mit hoher Nase über die Suchen-Stelle zu rennen und daraufhin direkt groß zu werden.** Wir möchten aber, dass der Hund seine Nase in den Suchen-Bereich drückt und intensiv diese Stelle absucht, dass er dranbleibt und klein bleibt, auch wenn er nicht direkt findet. Das erreichst du mit kleinen Gegenständen. Pocket-Dummys, Tennisbälle oder Filzbälle bieten sich hier an. Drücke die Gegenstände tief in den Bewuchs und lasse sie nicht einfach nur offen liegen!

Ist dein Hund ein wenig mehr fortgeschritten, kannst du auch eine Leersuche machen, die du erst heimlich, während der Hund sucht, mit Beute bestückst. So kannst du gut steuern, wie lange der Hund sucht, und kannst ihn im richtigen Moment auf Beute treffen lassen. Zuerst ist der Bereich hier noch gestempelt, es ist also frischer Geruch da, der dem Hund Hoffnung auf Beute macht. Später kannst du hierfür auch eine ganz neue Stelle nutzen. Der Hund muss dir vertrauen, dass dort, wo du pfeifst, auch wirklich Beute zu finden ist, und er soll motiviert dranbleiben, auch wenn er länger nichts findet. Im richtigen Moment platzierst du heimlich deine Beute im Suchen-Bereich. Um das Vertrauen beim Hund zu erlangen, musst du beim Arbeiten von Aufgaben natürlich auch in der Lage sein, immer nur dort zu pfeifen, wo der Dummy auch liegt. Wir geben dem Hund mit unserem Pfiff ein Versprechen auf Beute – dieses sollten wir nicht brechen (auch nicht unabsichtlich!).

(Foto: Thore Brockhoff, 202.de)

RUHE BITTE! - WAS TUN, WENN'S FIEPT?

Es ist nun mal so, dass die Prüfungsordnung in den meisten Vereinen vorschreibt, dass der Hund bei der Dummy-Arbeit absolut still sein muss. Wie sehr ein wenig Fiepen wirklich auf einer Jagd stören würde, sei hier mal dahingestellt – da die Dummy-Prüfungen und Workingtests ja aber auch als Maßstab zur Zucht dienen und Lautgeben beim Retriever einfach unerwünscht ist, handelt man sich hier beim Fiepen ratz-fatz null Punkte ein.

Ein wenig kulanter geht es da aktuell noch in den Spaniel-Prüfungen zu, auch weil der (Standard-)Spaniel als Stöberer bei uns in Deutschland durchaus spurlaut sein soll, also schon einen Hang zu Lautäußerungen haben darf und für die jagdliche Zucht sogar muss. Warum? Hier bei uns wird der Spaniel hauptsächlich für die Jagd auf Schalenwild eingesetzt (Rehwild, Schwarzwild etc.). Ein Hund der bellt, wenn er einer Spur folgt, ist zum einen für den Schützen leicht zu lokalisieren und zeigt ihm an, dass er sich zügig schussbereit machen sollte. Zum anderen treibt er damit das Wild in angemessener Geschwindigkeit vor sich her. Ein spurlauter Hund hat noch genug Abstand zum Wild und gibt ihm damit Sicherheit (der ist ja noch ganz weit weg). So bleibt das Wild ruhiger und flüchtet langsamer (so die Theorie), sodass der Schütze einen guten Schuss antragen kann. Neben dem Spurlaut gibt es auch noch Sichtlaut (Hetzlaut), Standlaut und Vorliegelaut (bei der Baujagd). Wenn bestimmtes Lautgeben beim Jagdhund also durchaus erwünscht ist, warum wollen wir es dann bei der Dummy-Arbeit nicht?

Die Dummy-Arbeit ist die Vorbereitung für die Jagd auf Niederwild – Fasan, Rebhuhn, Schnepfe und Hase im Speziellen. Klassischerweise werden in England dazu Retriever und (Working-)Spaniels eingesetzt. Im Gegensatz zu unseren Deutschen Spaniels, sind die Englischen Arbeitsspaniels – also der „Working Type" - kurzjagende Hunde unter der Flinte. Sie sollen stumm arbeiten, denn 1. befinden sie sich ja sowieso in unserer Nähe, wir müssen sie nicht kommen hören, 2. wird so Wild, das nicht in Schussreichweite der Flinte ist (bis max. 50 Meter) nicht unnötig beunruhigt. Während der Spaniel den Bereich vor den Schützen durchsucht und jeden Fasan zum Auffliegen bewegt, damit er erlegt werden kann, bleibt der Retriever brav am Bein seines Führers und kommt erst nach dem Schuss zum Einsatz - er darf den erlegten Fasan apportieren. Bei beiden Hunden ist Lautgeben hier also überflüssig und wäre eher störend.

Kommen wir zurück zum eigentlichen Problem: dem Fiepen! Auf offizielle Dummy-Prüfungen zu gehen, ist schlicht nicht möglich, wenn der Hund fiept. Was also tun? Zunächst müssen wir eruieren, warum der Hund fiept - das kann nämlich mehrere Ursachen haben. Dein erster Job ist also zu notieren, in **welchen Situationen** dein Hund **wie** fiept. Häufig gibt es mehrere Gründe und dazu passend unterschiedliche Fiep-Laute. Du merkst schon, das Thema ist recht umfangreich. Die gängigsten Gründe und wie du damit umgehen kannst, haben wir dir hier einmal gesammelt.

(Foto: Thore Brockhoff, 202.de)

Erwartungshaltung und Erregungslage

Mit der häufigste Grund, warum unsere Hunde in der Arbeit laut werden, ist eine sehr hohe Erwartungshaltung. Was heißt das genau? Der Hund hat sehr oft die Erfahrung gesammelt, zum Beispiel einem geworfenen Dummy sofort hinterher rennen zu dürfen. Dieses Verhalten ist für ihn sehr selbstbelohnend. Darf er das ein paarmal hintereinander machen, kreieren wir damit eine Erwartungshaltung – kurz: Der Hund freut sich auf das, was da gleich kommt, und macht dieser freudigen Anspannung mit seinen Stimmbändern Luft. Die Ursache ist hier oft falsches Training und eine falsche Einschätzung des Hundetypen, da einige Hunde zu einer hohen Erregungslage neigen. Es wurde zu wenig auf Ruhe geachtet und der Hund in seiner hohen Erwartungshaltung immer wieder bestärkt, indem er aus einer hohen Anspannung heraus auf den Dummy geschickt wurde. Vor allem bei der Arbeit am Wasser trifft schnell eine problematisch hohe Erwartungshaltung auf. Die Lösung: Nicht zu früh zu aufregende Dinge mit dem Hund arbeiten (viele Markie-

(Foto: Thore Brockhoff, 202.de)

rungen an Land und Wasser, Hund immer direkt schicken, Schuss, Launcher und co.), immer auf genug Ruhe und eine angemessene Erregungslage achten und dem Hund beibringen, dass er sich selbst regulieren kann. Dazu nutzen wir im Grunde nichts anderes als Übungen der Impulskontrolle und Frustrationstoleranz. Der Hund lernt, dass er einen Vorteil hat, wenn er sich zurücknimmt. Er kommt zum Erfolg, wenn er abwarten kann. Werfen wir also einen Dummy ins Wasser, schicken wir den Hund nicht direkt, sondern gehen erst einmal noch ein paar Schritte Fuß. Bevor der Hund in der Gruppe mitarbeiten darf, darf er erst die Erfahrung sammeln, einfach mal nur ruhig am Bein mitzulaufen ohne arbeiten zu dürfen. Natürlich solltest du hier immer deinen Hundetyp im Auge behalten, denn nicht sehr beutemotivierten Hunden können wir die Arbeit so auch vermiesen. Der Trick ist es, das richtige Gleichgewicht zwischen Ruhe und Arbeit zu finden, aber: Solange der Hund nicht ruhig und konzentriert ist, wird er nicht arbeiten dürfen. Auch die Gestaltung immer gleicher Aufgaben führt zu einer hohen Erwartungshaltung. Der Hund weiß bereits, was kommt, richtet sich schon vor uns zum Dummy hin aus und wird dann auch noch darin bestärkt, indem er geschickt wird. Nicht gut! Merkst du, dass dein Hund dazu neigt, Dinge vorwegzunehmen, stelle die Aufgabe spontan um! Gib ihm einen Auftrag, den er nicht erwartet hat, und im Zweifel gilt immer: Lauf eine Runde Fuß!

Setze deinen Hund etwa mit in die Line, in der schnell eine hohe Erwartungshaltung und Aufregung herrscht. Dann darf er aber die Erfahrung sammeln, dass für ihn gar nichts Spannendes passiert – du nimmst etwa dein Handy raus und liest deine Mails.

Langeweile und Aufmerksamkeit erhaschen

Auch Langeweile kann ein Grund fürs Tönchen sein. Warum tut der Hund es? Um uns kund zu tun, dass ihm gerade schrecklich langweilig ist und wir das doch bitte ändern sollen. Es geht beim Fiepen also auch viel um die Kommunikation mit uns Menschen.

Hier kommt häufig noch die unbewusste Bestätigung mit ins Spiel. Der Hund bekommt immer wieder eine Rückmeldung auf seinen Laut, weil wir (ja meist auch gar nicht anders können und) diesen immer wieder mit einem „Pssst", einem Leinenruck, einem Keks zur Ablenkung oder auch nur einem bösen Blick beantworten. Dann ist also das Fiepen schlicht zu ignorieren? Jain! Die Lösung: Fiept der Hund tatsächlich, rein um deine Aufmerksamkeit zu kriegen, und wurde dafür vielleicht sogar schon einige Male unbeabsichtigt belohnt, kann Ignorieren der richtige Weg sein. Fiept er aber aus einem anderen Grund, ist dem Hund meist nicht möglich, das Fiepen einfach so abzustellen. Viele

»Line up and read your emails!«

Hunde wissen gar nicht, dass sie gerade fiepen! Sie wissen vielleicht nur, dass sie gerade etwas tun, das sich für sie gut anfühlt (Stichwort: Stressabbau). Hier gilt es also zu überlegen: Ist dem Hund bewusst, dass er gerade fiept, und macht er es gezielt, weil ich es (im Zweifel unbewusst) bestätigt habe? Zum Thema Langeweile ist es zudem sinnvoll, dass der Hund lernen darf, dass es nicht schlimm ist, einmal nicht dran zu sein. Viel Übung, eine positiv aufgebaute Ruhedecke oder Kauartikel als Management helfen hier.

Unsicherheit, Konflikt und Frust

Weitere Situationen, in denen Töne gerne auftreten, sind bei Konflikten, Frust oder auch bei Unsicherheit. Ein häufiger Konflikt trifft beim Abwenden von etwas Spannendem auf. Findet etwa ein Treiben statt, von dem wir den Hund wegdrehen möchten, oder fällt eine Wassermarkierung, die nicht direkt gearbeitet wird, wird der Unmut häufig durch einen kurzen Fieps kundgetan. Hätte man doch so gerne gerade in Richtung des spannenden Geschehens gearbeitet!

Ganz ähnlich verhält es sich oft, wenn andere Hunde arbeiten dürfen (z. B. aus der Line), man selbst aber abwarten muss. Eine weitere Frust-Situation: Der Hund schafft etwas von selbst nicht und ärgert sich darüber. Er traut sich nicht ins Wasser und gibt dabei Laut oder traut sich den Sprung über den Zaun nicht zu. Tritt Unsicherheits-Fiepen auf, ist das häufig bei Aufgaben, die für den Hund noch zu schwer sind. Er hat nicht recht verstanden, was er genau tun soll, ist dann verwirrt, stellt die Arbeit ein und fiept. Vor allem die Hunde, die gerne mitdenken und etwas verstehen müssen, bevor sie es ausführen, zeigen hier gerne dieses Verhalten. Die Lösung/en: Der Unsicherheits-Laut lässt sich recht einfach beseitigen, indem die Aufgaben einfacher und für den Hund klarer gestaltet werden. Arbeite kleinschrittiger und achte darauf, dass dein Hund die Zeit bekommt, die er braucht, um etwas zu verstehen! Um Konflikte – gerade beim Abwenden von spannenden Dingen – zu vermeiden, übe ich von Anfang an das Mitdrehen am Bein und auch das Abwenden. Egal, ob die Markierung im Wasser gearbeitet wird oder nicht, übe immer wieder auch mal mit deinem Hund, dich davon wegdrehen zu können. Wichtig ist: Nicht der Hund bestimmt, in welche Richtung ihr euch dreht, sondern immer du! Egal, wie du dich positionierst, der Hund sollte sich immer nach dir ausrichten (siehe auch Fußarbeit)! Hat er das verstanden und auch erkannt, dass es sich für ihn lohnt (weil er Futter bekommt oder halt nur dann geschickt wird), wird auch das Fiepen verschwinden. Recht einfach bekommst du auch das Fiepen los, das der Hund über eigene Unzulänglichkeiten preisgibt. Hier gilt genauso, dies einfach besser zu trainieren, dass der Hund sicherer wird in dem, was er tun soll. Etwas langwieriger gestaltet es sich, das Frust-Fiepen loszuwerden, wenn andere Hunde arbeiten. Meine Devise ist hier immer: Zeige dem Hund, dass Abwarten noch toller sein kann als Arbeiten – zum Beispiel, indem er besonders gutes Futter bekommt, während der andere Hund arbeitet. Da viele Hunde aber in dieser Situation meist so eine hohe Erregungslage haben, dass Futter nicht mehr angenommen wird, ist auch ein kleines Beutespiel mit einem Ball denkbar. Ich möchte das folgende Mindset beim Hund erreichen: „Ist mir doch egal, was der andere Hund da hinten mit dem Dummy macht, ich hab hier grade viel mehr Spaß!"

Kann ich Fiepen durch einen Abbruch (ein strenges Nein) verschwinden lassen?

Ja, das ist definitiv möglich – aber nicht immer! Ein Abbruch setzt ja voraus, dass wir das Verhalten auch wirklich abbrechen können. Häufig wird nur viele viele Male das „Nein" wiederholt, der Hund stellt das Fiepen aber nicht ein. Das ist natürlich wenig hilfreich. Zudem sollten wir in etwa wissen, welche der oben genannten Gründe für das Lautgeben vorliegen. Weiß der Hund nicht, dass er fiept, kann er es auch nicht sein lassen. Nutzt er das Fiepen als Ventil, muss ich an der Aufregung arbeiten, also an der Ursache und nicht am Symptom. Fiept er aber, um bei uns eine Reaktion hervorzurufen, können wir ihm definitiv auch sagen, dass er das bitte sein lassen soll. Geht es beim Hund vor allem um eine hohe Erregungslage, werde ich es mit Druck und Schimpfen eher noch schlimmer machen, da ich damit noch mehr Anspannung in den Hund packe.

Der Vollständigkeit halber sei hier noch erwähnt, dass Hunde auch aufgrund ihrer hormonellen Situation (Läufigkeit, Scheinträchtigkeit) oder sexueller Erregung (läufige Hündin in der Nähe) zum Fiepen neigen können. Schmerzen oder Unwohlsein können ebenso ein Grund dafür sein, dass der Hund vermehrt Geräusche von sich gibt. Abgesehen von den eingangs erwähnten Jagdhunderassen, die genetisch einen Laut mitbringen sollen, ist auch ungewolltes Lautgeben häufig eine Sache der Genetik. Einige Hunde bringen einfach die Veranlagung zum Fiepen oder Bellen von Geburt an mit. Training gegen Fiepen ist also möglich und absolut sinnvoll, hat aber auch seine Grenzen.

(Foto: Thore Brockhoff, 202.de)

Innere Steadiness

Häufig sind die Hunde so unter Strom, dass sie nur äußerlich steady sind und so aussehen, als ob sie brav ruhig dasäßen, innerlich brodeln sie aber. Hier wurde meist nicht daran gearbeitet, dass der Hund entspannt und ruhig mit all dem Trubel beim Training umgehen kann, sondern wurde schlicht und einfach mit viel Druck in eine Position gezwungen. Irgendwo muss der Dampf vom brodelnden Kessel ja aber hin, und deshalb – genauso wie der Teekessel pfeift, wenn das Wasser kocht – fiept dann auch der Hund, wenn es zu aufregend wird.

(Foto: Thore Brockhoff / 202.de)

AM FUSS HAKT ES OFT

Die Fußarbeit ist ein nicht ganz unwesentlicher Teil in der Dummy-Arbeit. Das Ziel und die Verwendung des Retrievers beim ursprünglichen Jagdeinsatz ist so, dass er am Bein, also Fuß laufend, neben seinem Menschen so lange dabei ist, bis er zum Arbeiten benötigt wird. Fußarbeit ist also ein großer Punkt, um den wir uns oft nur sehr rudimentär Gedanken machen und dann feststellen, dass es irgendwie nicht so recht läuft (im wahrsten Sinne des Wortes). Nicht selten hören wir von Besitzern einjähriger Hunde, dass sie ja schließlich noch daran arbeiten wollen, wenn es gerade mit der Fußarbeit noch ein wenig hapert. Selbstverständlich ist stetiges Üben auch für einen einjährigen Hund noch etwas, was zum alltäglichen Leben dazugehört. Dennoch: Fußarbeit beginnt sehr früh. Und je früher, klarer und simpler sie begonnen, dem Hund eindeutig und unmissverständlich erklärt wurde, desto besser ist sie ausführbar. Nicht selten gibt es erst einmal große Bemühungen, dieses ja wichtige Puzzlestück auch wirklich intensiv in das Training mit einzubauen. Und irgendwie schleichen sich irgendwo dann im Laufe der Trainingszeit gerne Fehler ein. Einige dieser „ultimativen Killer" der Fußarbeit wollen wir uns hier einmal anschauen.

Und jetzt kannst du denken: „Mensch, das ist doch einfach nur Kleinlichkeit, das ist doch gar nicht so wichtig." Aber Fußarbeit sinnvoll aufgebaut, wird viele weitere Fehlerquellen verhindern können, zum Beispiel Einspringen, den Hund nicht sauber in eine Richtung ausrichten können, Konzentration, Fokus nach vorne, gerades Lining und und und. Fußarbeit bedeutet wesentlich mehr als einfach nur neben dir

← Egal mit wie vielen Hunden – es ist eine absolute Grundfertigkeit für Dummy-Arbeit: Fußlaufen! (Fotos: Thore Brockhoff, 202.de)

hermarschieren, mit dir auf einer Höhe. Es bedeutet für den Hund, aktiv an deinem Bein zu bleiben, diese Position einzunehmen und die Position zu halten, egal in welcher Bewegungsform, ob du langsam oder schnell gehst, ob du läufst oder ob du dich drehst, ob du stehen bleibst oder ob du wieder anläufst. Für mich ist die Definition von „Fuß“: die Position gerade neben dir am Bein auf deiner Höhe einnehmen und immer und überall halten. Beim fertig ausgebildeten Hund möchte ich dafür auch nur einmal das Signal „Fuß“ sagen müssen.

Und da sind wir schon bei Punkt Nummer eins. Erst einmal müssen wir uns ganz klar sein, schon im Zeitalter des frisch Anlernens, was denn diese Position genau ist. Hier scheitern schon viele Pläne, denn oft wird der Hund an unterschiedlichsten Positionen belohnt, sodass dein Welpe oder junger Hund von vorneherein lernt, dass es einen großen Interpretationsspielraum für all die Sachen gibt, die er so neben dir machen kann: mal ein bisschen weiter vom Bein weg, mal ein bisschen weiter vorne, mal mit dem Popo rausgedreht, mal mit dem Popo reingedreht – alles wird belohnt. Das sorgt natürlich nicht für ein sicheres „Fuß“-Signal! Differenziere die Position, die du für dich und deinen Hund mit diesem Signal belegen möchtest, möglichst klar! Zeige deinem Hund exakt, welche Position er einnehmen soll – nur diese exakte Position wird auch bestätigt. Hierzu gehört auch das Hereinkommen und Einparken mit dem Dummy im Fang. Wenn der Hund beim Zurückkommen mit Dummy nicht akkurat im Fuß sitzt, wir uns aber trotzdem freuen, weil er das Dummy so schön bringt, lernt er, dass die Fußarbeit auch schlampig durchgehen kann.

Wer gerade am Bein ist, nimmt auch die gerade Linie nach vorne! Bei der Fußarbeit darfst du gerne penibel sein! (Thore Brockhoff, 202.de)

Ein nächster, sehr, sehr wichtiger Punkt: Gehe kleinschrittig vor und denke nicht zu groß! Starte also nicht damit, sofort mit dem Hund mehrere Meter geradeaus laufen zu wollen. Lass ihn erst einmal die Position neben dir am Bein einnehmen und dies aus verschiedenen Situationen verstehen lernen. Erst nach einer ganzen Weile geht es wirklich an das gemeinsame Laufen, auch längeres Laufen, im „Fuß". Fühlst du dich ertappt? Falls ja, geh doch nochmal ein paar Trainingsschritte zurück. Kannst du deinen Hund immer und überall ins „Fuß" rufen und er kommt ohne zu zögern an dein Bein und nimmt die gerade Position an deinem Körper orientiert ein? Hier hast du vielleicht schon eine gute Möglichkeit, etwas zu verbessern.

Ein Punkt, der sich gerne einschleicht, ist eine falsche Verknüpfung von Signal und Verhalten. Das Signal „Fuß" sollte dann eingeführt werden, wenn du über die Hilfen, die du gibst, deinen Hund zuverlässig in die gewünschte Position hineinbringen kannst, also sprich, wenn du deinen Hund mit Futter in die „Fuß"-Position gelockt hast und ihr seid an dem Punkt des Trainings angekommen, an dem du merkst, dein kleiner Schüler möchte diese Position mit wenig Hilfe immer sofort wieder einnehmen und weiß sofort bei Erkennen der Hilfen, was zu tun ist. Erst an dieser Stelle solltest du mit der Signaleinführung starten. Dein „Fuß"-Signal gibst du dabei immer unmittelbar, bevor der Hund diese Position einnehmen wird – gibt dein Sig-

(Thore Brockhoff, 202.de)

nalwort einen Atemzug, bevor er exakt an deinem Bein steht oder sitzt. Im weiteren Verlauf ist es wichtig, dass dieses Wort auch lediglich dazu benutzt wird, diese Verknüpfung herzustellen. Nicht selten nutzen wir das Wort, um den Hund aus einer Position, die uns nicht gefällt, zurück in die gewünschte zu bringen. Läuft der Hund etwa viel zu weit vor uns und wir sagen ständig das Wort „Fuß", wird der Hund früher oder später zwangsläufig denken, dass „Fuß" bedeutet, er muss vorne laufen. Machen wir dies zu früh und manchmal dann leider auch in einer etwas genervteren Tonlage, weil wir denken „Mensch, das müsste doch jetzt schon funktionieren", kann es sein, dass dieses ursprünglich motivierend aufgebaute Wort „Fuß" ein riesiger Frustfaktor für euch beide wird.

Vor dem Laufen kommt das Stehen. Arbeite zunächst an der geraden Grundstellung am Bein! (Thore Brockhoff, 202.de)

Ebenfalls eine Fehlerquelle, die wir im weiteren Trainingsverlauf häufig sehen, ist der Umgang mit dem Signal im Alltag. Du kennst vielleicht die Situation, dass du mit deinem Hund von A nach B an der Leine unterwegs bist, weil ihr euch eben eine gewisse Strecke gesichert fortbewegen müsst. Hier rutscht uns sehr oft, auch schon sehr früh, das spätere Signalwort (z. B. „Fuß") heraus, ohne dass unser Hund vielleicht schon in dem Stadium ist, dies auch wirklich befolgen zu können. Bei Spaziergängen wird nicht so exakt auf die korrekte Ausführung des Signals geachtet, weil wir noch mit der Freundin quatschen, eine Nachricht schreiben oder Ähnliches und somit abgelenkt sind. Ich empfehle dir, hier sehr klar zu trennen – nennen wir es Management. Ich muss von A nach B, kann mich jetzt hier nicht exakt auf meinen Hund konzentrieren, fordere also noch nicht das „Fuß" über diese ganze Zeit ein, weil ich selber einfach unaufmerksam sein könnte. Dafür wähle ich Halsung oder ein Geschirr und Leine, welche für mich eher zum Thema Leinenführigkeit gehören und nicht zur korrekten Fußarbeit.

Steigere die Ablenkung immer nur so weit, wie es deinem Hund möglich ist, die Position einzuhalten. Gehe nicht mit deinem Welpen vom ruhigen Indoor-Training sofort in die Stadt und probiere mal, was hier schon geht, sondern schaue, dass das Verhalten so weit schon sitzt, dass die weitere Ablenkung vielleicht ein wenig herausfordert, aber nicht überfordert. Sei hier fair zu dir und deinem Hund!

Dein Fahrplan für zuverlässige Fußarbeit

- Achte stets auf eine korrekte Ausführung deiner „Fuß"-Position und belohne nur diese
- Vermeide Situationen, in denen der Hund das „Fuß" nicht korrekt ausführt (ausführen kann)
- Steigere Ablenkungen nur langsam
- Übe Fußarbeit immer und überall; sie soll zum Automatismus werden
- Leinenführigkeit ist keine Fußarbeit!
- Checke, ob dein Hund wirklich verstanden hat, was „Fuß" bedeutet

← (Foto: Thore Brockhoff, 202.de)

Für alle Signale gilt: Wie gehen weitere Personen in deinem Haushalt damit um? Seien es Mitbewohner, dein Partner, deine Familie oder wer auch immer noch mit dem Hund agiert, spazieren geht und auch vielleicht sogar im Training ist, alle sollten genauso gebrieft sein wie du. Ein ausgesprochenes Signalwort ist stets einzufordern; du bist in der Verantwortung, dieses umsetzen zu lassen. Überlege also genau, ob das bisher Gelernte in dem Moment wirklich auch abgerufen werden kann oder Management gerade einen größeren Sinn ergibt. Und in Bezug auf die weiteren Personen, die gegebenenfalls mit dem Hund noch interagieren könnten, gilt selbstverständlich auch, dass ein gegebenes Signal bitte stets auszuführen ist. Versuche hier, einen klaren Fahrplan für alle aufzustellen. Manchmal ist es auch ganz gut, wenn der ein oder andere in deinem Umfeld, der ebenfalls mit deinem Hund arbeitet,

Video 17

Einige Tipps zum Verbessern deiner Fußarbeit findest du im Video! →

Entspannung und Anspannung

Dummy-Training ist eine Hunde-Arbeit der Gegensätze. Wir befinden uns in einem ständigen Wechselspiel von Anspannung und Entspannung, Action und Ruhe, Kontrolle und Selbstständigkeit. Und vielleicht liegt auch genau hier der Reiz, der diese Arbeit mit dem Hund so spannend macht. Erst soll der Hund, trotz vieler spannender Reize, entspannt beim Menschen im Fuß bleiben, sich das Geschehen ruhig und konzentriert ansehen – im nächsten Moment schicken wir den Hund voran und er soll im Vollspeed nach vorne preschen, als renne er um sein Leben. Nicht jedem Hund fällt dieses On/Off-Spiel leicht, häufig bleibt die Anspannung auch während ruhiger Passagen groß und die Hunde vergeuden wertvolle Energie. Die gute Nachricht: Das lässt sich üben! Starte, indem du deinen Hund mit überschwänglicher Freude „hochfährst“, mit ihm Halligalli und Blödeleien machst, bis er so richtig schön aufgeregt hüpfend um dich herum springt. Dann bringst du direkt wieder Ruhe hinein, streichelst deinen Hund ruhig über Kopf und Schultern und fährst die Erregungslage langsam wieder herunter. Rennt dein Hund gerne? Klasse! Dann geht mal so richtig wild flitzen! Dazu kannst du auch mit dem Fahrrad fahren und deinen Hund mitrennen lassen (natürlich sollte dein Hund dafür alt genug und gesund sein). Zwischendrin baust du immer wieder Passagen ein, in denen dein Hund ruhig bei dir im Fuß laufen soll. Der perfekte Wechsel zwischen Bewegung, Ruhe und Konzentration!

Den ersten wahrgenommenen Dummy soll der Hund direkt aufnehmen und zügig zurückbringen! (Foto: Thore Brockhoff, 202.de)

nur die Signalwörter kennt, die für ihn relevant sind. Die anderen nutzt nur du im Umgang mit deinem Hund.

SCHUTZ VOR TAUSCHEN UND CO.

Der allerbeste Schutz vor dieser teils schwerwiegenden Unart ist, dem Hund beizubringen, dass Beute schnell aufzunehmen und sofort zu mir zu bringen ist. Es sollte beim Hund überhaupt kein Moment des Überlegens entstehen. Das wünschenswerte Verhalten: Der Hund findet den Dummy, denkt sich „Mensch, da ist er!", nimmt ihn sofort mit und flitzt unverzüglich in deine Richtung zurück. So sollte es im Optimalfall in der Praxis aussehen. Der Hund soll also den ersten wahrgenommenen Dummy sofort aufnehmen und direkt bringen. Gehen wir ein paar Schritte zurück und denken noch einmal an die Zeit, als wir unserem Hund beigebracht haben uns Beute zuzutragen. Es gibt sehr viele Herangehensweisen. Du kannst mit Futter aufbauen, Backward Chaining anwenden oder auch aus dem Spielerischen heraus ein Apportieren entwickeln. Alles in allem sollte es darauf hinauslaufen, dass der Hund jede Beute, die er findet, sofort aufnimmt und damit kommt. Für viele Hunde ist Beute sicherlich ein sehr großer und herausfordernder Reiz und das Teilen fällt schwer. Im Beutefangverhalten von Beutegreifern ist das Teilen von Beute eigentlich nicht vorgesehen. Es gibt jedoch auch Hunde, für die es das größte Vergnügen ist, uns alles zu präsentieren.

Ist dies der Fall, haben wir bereits eine tolle Grundlage, mit der wir arbeiten können. Das ist aber nicht jedem Hund in die Wiege gelegt. Somit müssen wir sicherstellen, dass wir beim Bringen selbst keine Fragezeichen für den Hund offenlassen. Im ersten Schritt sollte das Zutragen von Beute das Tollste für ihn sein. Jedoch kann es einige Zeit dauern, bis du herausfindest, was die ultimative Belohnung für das Bringen für deinen Hund ist. Was ist es, das deinen Hund so schnell wie möglich zu dir bewegt, nachdem er etwas aufgenommen hat? Was könnte eine besondere Form der Belohnung für ihn sein, die er unheimlich gerne haben möchte? Beispielsweise könnte man hier mit zwei gleichwertigen Gegenständen agieren, wenn der Hund das Bringen an sich schon gut verstanden hat. Hierzu empfehle ich dir, erst einmal spielerisch vorzugehen. Greife bitte nicht direkt auf die Dummys zurück, die ordentlich, mittig und sauber getragen werden sollen.

Hat der Hund sicher verstanden, dass jede Beute schnellstmöglich zu dir soll (etwa weil dort sein Lieblingsball auf ihn wartet), sind Tauschprobleme – und auch weitere unerwünschte Verhaltensweisen, wie das Aufnehmen und Weitersuchen oder der Versuch, mehrere Dummys in den Fang zu nehmen – kein Thema mehr. Idealerweise hat der Hund (besonders am

Video 18

Bei dir schlägt regelmäßig der Tauschalarm an? Mach die Übung im Video und es wird besser werden! →

Das Tausch-Spiel

Nimm mehrere Spielsachen und überlege dir, welches davon dein Hund besonders gern und welche weniger mag. Wirf die Spielsachen im Kreis auf eine kurz gemähte Wiese! Je näher du die Spielsachen nebeneinander platzierst, desto schwieriger wird es für deinen Hund. **Schritt 1:** Gib deinem Hund sein Lieblingsspielzeug in den Fang und lauf mit ihm an der Leine über alle anderen Spielsachen. Er soll es schaffen, sein Spielzeug festzuhalten, obwohl dort viele andere spannende am Boden liegen. Indem er sein Lieblingsspielzeug schon hat, ist diese Übung leichter für ihn. **Schritt 2:** Setze deinen Hund nun hinter den Spielsachen ab, lege sein Lieblingsspielzeug direkt vor ihn und fordere ihn dazu auf, es zu apportieren. Du stehst auf der anderen Seite der Spielsachen und dein Hund apportiert auf dich zu. Er soll sein Lieblingsspielzeug über die anderen Spielsachen apportieren. Je näher du Hund und Lieblingsspielzeug vor den anderen Spielsachen platzierst, desto schwieriger. Als Zwischenschritt könntest du deinem Hund hier sein Spielzeug noch einmal in den Fang geben, anstatt es vor ihn auf den Boden zu legen. **Schritt 3:** Wiederhole Schritt 1 und 2 mit einem Spielzeug, das für deinen Hund weniger wertvoll ist. Das Lieblingsspielzeug legst du **für diesen Moment** zur Seite. **Schritt 4:** Mach das Gleiche nochmals und lege nun das Lieblingsspielzeug deines Hundes zu den anderen Spielsachen. **Schritt 5:** Lege jetzt alle Spielsachen zusammen – dein Hund soll das erste Spielzeug aufnehmen, das er wahrnimmt, und dieses direkt bringen (wenn du schummeln möchtest, könntest du hier wieder zunächst sein Lieblingsspielzeug ganz vorne platzieren). **Schritt 6:** Steigere nun die Entfernung und schicke den Hund von weiter weg zum Apport. Er soll die Spielsachen nacheinander bringen und keines überlaufen (leichter ist es, wenn du die Spielsachen hier nicht im Kreis, sondern in einer Reihe platzierst).

← Volle Konzentration auf die Dinge, die da gerade passieren! (Thore Brockhoff, 202.de)

Anfang der Ausbildung) keine Möglichkeit zu Tauschen und wenn mehrere Dummys liegen, sollten sie nicht offen nebeneinander präsentiert sein – das lädt förmlich zum Tauschen ein.

KEIN BOCK?

Von Kristina

„Der hat keine Lust." – „Der zeigt dir gerade den Mittelfinger." – „Das macht der nur, um dich zu ärgern." – „Dem würde ich wirklich einmal zeigen, wo es langgeht." Diese und viele weitere Sprüche hast du vielleicht schon bei Trainings gehört – auf deinen Hund bezogen, der ansonsten ein wirklich toller sozialer Begleiter und Freund an deiner Seite ist. Im Dummy-Training soll dies auf einmal anders sein. Oft bekommen wir ungefragt Charaktereigenschaften unserer Hunde mitgeteilt, die so wenig zutreffen, wie nur irgend möglich. Obwohl du eigentlich „nur" zum Dummy-Training wolltest, stehst du ungewollt manches Mal konfrontiert mit Grundsätzlichem zu eurem Mensch-Hund-Leben da. Nicht nur, dass es ein sehr stark emotionalisierendes Thema ist, auch habe ich schon öfter erlebt, dass ungefragt ausgesprochene Meinungen sehr treffen und den Besitzer nicht selten auch belastet haben.

Allen voran steht der Ausspruch: „Der hat keinen Bock!" Es gibt sicherlich viele Hunde – und dieses bitte an der Stelle nicht falsch verstehen –, die wirklich mit dem Dummy-Training als Art der Beschäftigung überhaupt nichts anfangen können. Möglicherweise wurde es für diese Hunde nicht verständlich aufgebaut, vielleicht haben sie aber schlicht kein Interesse daran. Dies kann an der Rasse liegen, die nichts mit dem Apportieren oder damit, Gegenstände in den Fang zu nehmen, anfangen kann. Vielleicht fällt dein Hund zwar in die Kategorie der gerne apportierenden Hunde, er hat allerdings diese Rassenbeschreibung nicht gelesen, sieht in der Apportier-Arbeit keinen Sinn. **Doch noch häufiger werden solche Aussagen auf Hunde gemünzt, die bereits im Training stehen, die schon Erfahrung sammeln konnten, prinzipiell auch gerne apportieren und das System schon gut verstanden haben.** Oft sind es auch Hunde, die ein bisschen weiter sind. Sie beherrschen vielleicht schon einige Elemente in der fortgeschrittenen Arbeit.

Ich erzähle dir ein Beispiel, in dem solche Äußerungen einer Kundin gegenüber gefallen sind. Deren Hündin saß am Bein und ging lieber nicht hinaus zum Apportieren, als etwas Falsches zu tun, obwohl sie den Eindruck machte, als wüsste sie genau, was zu tun ist. Irgendein Umstand brachte sie dazu zu zweifeln, ob es jetzt wirklich richtig ist, dorthin zu rennen, wohin das Frauchen gerade mit der Hand zeigt. Vielleicht wurden Schritte viel zu schnell gemacht, fehlte die Sicherheit, sodass die Hündin in verschiedenen Situationen schnell ins Zweifeln geriet. Sie rannte eben nicht einfach los. Häufig endete das Ganze damit, dass sie gar nichts mehr machte und nicht mehr hinausging.

Kein Bock? Häufig steckt hinter vermuteter Unlust etwas ganz anderes! (Thore Brockhoff, 202.de)

Nicht selten erlebe ich, dass in Trainingsferien mit mehreren Intensivtagen ein gewisses Konzept die Menschen mit ihren Hunden zusammenschweißt. Das Setting macht es ihnen leicht, sich mit dem Hund zu beschäftigen. **Als Teilnehmer ist man entspannt, kommt nicht mitten aus dem stressigen Alltag, sondern ist im Urlaub unterwegs und trainert in Ruhe mit dem Hund**. Man findet durch diese intensive Zeit einen ganz anderen Zugang zum Hund und stellt fest, dass man in einer entspannten Umgebung, in einer tollen Gruppe Stück für Stück weiterkommt. Oft reicht es bei Schwierigkeiten schon aus, die Perspektive einmal zu drehen. Diese sah in unserem Beispiel so aus, dass der Vierbeiner eigentlich immer gerne apportiert hatte und auch viel Freude daran fand. Doch mit zunehmendem Können und auch intensiverem Training wurden Situationen häufiger – so die Erzählungen – in denen der Hund nicht rausgehen wollte oder Schwierigkeiten in der Lösung der Aufgabe auftraten.

Bei Trainingsferien waren wir in der Lage, einen anderen Blick auf die Situation zu werfen. **Die vemutete Unlust stellte sich eher als Unwissenheit heraus.** Durch Klarheit, Struktur und Glaube an das gemeinsame Team konnten wir deutliche Fortschritte machen und auch wieder für deutlich mehr Freude in der Arbeit sorgen – sowohl bei Frauchen als auch dem Hund. Diese Story hatte mich wirklich berührt, weswegen ich mich umso mehr freute, dass die beiden wieder mit mehr Harmonie nach Hause fuhren. Die Kein-Bock-Aussprüche entstehen oft aus der Beobachtung heraus, dass irgendetwas nicht funktioniert – einer Momentaufnahme. Ich habe selten Hunde gesehen, die wirklich keine Lust hatten zu arbeiten, die sich vielleicht nach einem anderen Hobby gesehnt haben. Die Besitzer hören das und glauben tatsächlich, dass ihr Hund keine Lust hat. **In der Regel kommen diese Sprüche von Menschen, die nur einen einzigen Weg im Training kennen, nämlich den, wie sie sich selbst**

die Arbeit mit dem Hund vorstellen: in der höchsten Kategorie weit vorne und erfolgreich bei Wettkämpfen. Sie möchten das möglichst schnell mit dem Hund erreichen. Sie haben zeitlich keinen großen Spielraum. Es darf nichts schiefgehen, was unter Umständen dem Hund zur Last gelegt werden könnte.

Immer dann, wenn du hörst, dass dein Hund keine Lust hat, solltest du dich sehr genau fragen: **Hat mein Hund jetzt wirklich keine Lust? Oder ist es vielleicht so, dass er aktuell noch nicht das Vermögen besitzt, die gestellte Aufgabe zu lösen?** Vielleicht waren auch vergangene Korrekturen oder Hilfen für diesen Hund nicht die Mittel der Wahl. Gerade wenn wir sehr klare Vorstellungen haben, wie Arbeit aussehen muss, haben wir oft das fertige Ziel schon im Kopf, nicht aber, dass bis zu diesem Ziel ein ganz schön langer Weg zu gehen ist. Immer dann, wenn du diese Sätze über deinen Hund hörst, frage dich: **Macht das, was derjenige gesagt hat, ein gutes Gefühl bei mir? Akzeptiere ich das? Sehe ich, dass der Hund diese Arbeit nicht schätzt?** Erlaube dir etwas Abstand! **Es muss möglich sein, dass du immer die positiven Seiten deines Hundes siehst, dass du lernst, wie dein Hund funktioniert.** Ist er eher ein extrovertierter Typ, ist er ein lauffreudiger Hund, der nie groß darüber nachdenkt, ob er jetzt losrennt oder nicht? Ist es ein gemächliches Modell? Weiß er mangels Erfahrung und Zeit bis dato noch nicht genau, welche Anforderungen gestellt sind und wie diese erreichbar sind? **Kläre immer ganz genau, ob die Fertigkeiten, die für eine Aufgabe gebraucht werden, in deinem Trainingsplan so viel Platz gefunden haben, dass sie ausführbar sind.** Akzeptiere kein pauschales „Der hat keinen Bock!"

(Thore Brockhoff, 202.de)

Make it fun!

Von Vroni

Viel zu oft sind wir bei der Dummy-Arbeit ein wenig zu ernst bei der Sache, vergessen den Spaß und die Freude. Ich erlebe es oft, dass Signale in sehr strengem und forderndem Ton gegeben werden. „APPORT!!!" wird da durch den Wald geschrien, um dem Hund eine Tätigkeit abzuverlagen, die er ja eigentlich total gern tut. Warum müssen wir ihn denn dazu anschreien? Funktioniert etwas nicht sofort,

← Spaß bei der Arbeit ist maßgeblich dafür verantwortlich, dass dein Hund schnell und nachhaltig lernt. Kuscheltiere etwa bringen Spaß für beide Seiten und ergeben trainerisch Sinn! (Foto: Thore Brockhoff, 202.de)

wird direkt geschimpft. Strafen hinsichtlich der Beute finde ich – gerade am Anfang – sehr schwierig. Ich sollte den Hund nicht schimpfen, wenn er Richtung Dummy springt und ihn freudig aufnimmt (ja, es kommt immer ein wenig auf den Hundetyp an), aber erst einmal ist das grundsätzlich ein gutes Verhalten, egal ob wir es gerade so wollten oder nicht. Werden wir schnell zu streng, schreckt das den ein oder anderen Kandidaten ab, und seien wir mal ehrlich – es geht hier nur um einen schnöden Leinensack mit Kunststoffgranulat, so spannend ist dieses Ding nicht. Wir sollten uns freuen, wenn unser Hund ihn gut findet. In der Regel möchte ich, dass der Hund die Beute einfach erst mal sehr feiert und damit keine strengen Worte in Verbindung bringt. **Und auch wenn der Hund das von sich aus schon tut, sollten wir zunächst immer freundlich und freudig bleiben, wenn wir unserem Hund einen Arbeitsauftrag geben.** Ein kleiner Vergleich: Wenn ich ständig angeschrien werde, um zum Essen zu kommen, dann habe ich irgendwann gar keine Lust mehr, zum Essen zu erscheinen (selbst wenn es mein Leibgericht gibt). Ergibt Sinn, oder? Ein weiterer wichtiger Grund: **Wenn du immer gleich mit der größten stimmlichen Intensität einsteigst, hast du wenig Platz zur Steigerung nach oben, falls dann doch einmal ein wenig Nachdruck nötig ist;** das heißt, du bräuchtest dann ziemlich schnell ein Megaphon, wenn du wirklich mal sauer bist. Unsere Stimme ist ein sehr wichtiges Tool und unsere Hunde sind sehr gut darin, die feinen Abstimmungen zu erkennen. Ich bin sehr dafür, dieses Tool auch sinnvoll und bedacht zu nutzen!

Klare Kommunikation

Stell dir ein quer liegendendes DIN A4-Blatt vor. Die linke Seite deines Blattes ist schwarz, die rechte weiß. Befindest du dich im weißen Bereich, macht dein Hund alles super. Du bist mit der Stimme freundlich, hell und nett. Kommt ihr in den schwarzen Bereich, macht dein Hund gerade etwas richtig Doofes – deine Stimme schlägt sofort um in unfreundliche, strenge Worte. Du gibst kund, dass du dieses Verhalten überhaupt nicht gut findest. Der Hund ist beeindruckt, korrigiert sich und ihr seid sofort wieder im weißen Bereich, in dem du auch mit deiner Stimme direkt wieder freundlich wirst. Zugegeben, das ist ein wenig schizophren, weil wir von der einen Sekunde auf die andere von nett auf grantig umschalten. Du bist damit aber auch sehr klar für den Hund! Und hier wird noch einmal deutlich: Wir sind mit unserem Hund niemals nachtragend! Sobald er sein Verhalten zum Guten ändert, geben wir ihm sofort wieder eine positive Rückmeldung.

Hab Spaß bei der Sache, es ist dein Hobby! Auch wenn du ambitioniert bist, heißt es nicht, dass du die Freude an der Sache verlieren musst. Für den Hund ist sowieso alles nur ein riesengroßes Spiel. Das dürfen wir uns gerne von unseren Hunden abschauen. Je besser die Stimmung im Training, desto besser lernt der Hund – das ist wissenschaftlich erwiesen und bei uns Menschen übrigens genauso. Schaffen wir eine entspannte, unterstützende und angenehme Lernatmosphäre, flutscht es viel besser. **Diese spielerische und spaßige Einstellung sollten wir vor allem beim Start in die Dummy-Arbeit haben, es uns aber auch über die Jahre erhalten.** Beute teilen ist toll, wir schaffen hier gemeinsam Dinge - ist das nicht fantastisch?

Nutze Kuscheltiere!

Einer der Gründe, warum ich (meist am Anfang, aber hin und wieder auch später noch) gerne mit Spielsachen und Kuscheltieren arbeite, ist, um den Menschen eben genau diese Ernsthaftigkeit zu nehmen. Am Dummy ist plötzlich alles so angespannt – was ja auch daran liegt, dass es da so viele Regeln gibt, die man beachten muss. Der Hund soll den Dummy ordentlich greifen, er darf ihn nicht schütteln, nicht knautschen, nicht tauschen, muss ihn ordentlich abgeben und und und . . . Das Kuscheltier hingegen ist nur ein Kuscheltier. Es ist kein Problem, wenn daran Fehler passieren, denn der Fehler besteht dann ja nur am Kuscheltier und nicht am Dummy. So können wir

(Thore Brockhoff, 202.de)

dem Hund genug Zeit geben, sein Verhalten Schritt für Schritt zu festigen, und holen erst dann den Dummy raus, wenn der Apport am Spielzeug sitzt. Außerdem sieht es auch einfach unfassbar süß aus, wenn die Hunde ihre Kuscheltiere bringen und man kann meist gar nicht anders als lächeln, wenn der Hund da so auf einen zu gerannt kommt mit einem riesengroßen pinken Oktopus im Maul. Spielsachen heben die Stimmung bei allen Beteiligten, sorgen für Leichtigkeit und es lässt sich damit durchaus ernsthaftes Training gestalten. Es muss Spaß machen - vor allem dem Hund, idealerweise auch uns. Für den Hund ist es ein Spiel, ein riesengroßes Spiel, bei dem wir die Regeln vorgeben.

(Thore Brockhoff, 202.de)

Was ist mir wann wichtig?

Du solltest dir im Training immer Gedanken darüber machen, was du gerade trainieren möchtest – auch das gibt Erleichterung, denn es muss nicht immer alles perfekt klappen. Setze deinen Schwerpunkt und konzentriere dich ausschließlich auf das Verhalten, das du üben willst! Wenn ich das Stoppen üben will, ist es mir zum Beispiel total egal, ob der Hund mir den Ball (der ja seine Belohnung fürs Stoppen ist) danach perfekt zurückbringt und abgibt. Natürlich sollte der Ball irgendwann wieder bei mir landen, denn sonst ist das Stopp-Training recht schnell vorbei, wenn der Hund sich mit der Beute verdünnisiert hat. Auf ein direktes, perfektes Zurückbringen lege ich hier jedoch keinen Fokus. Es geht mir im Stopp-Training darum, dass der Hund gut und punktgenau stoppt und auch schnell für dieses Stoppen belohnt wird. So ist das bei allen Dingen, die ich einzeln trainiere. Ich baue eine Übung auf und setze meinen Schwerpunkt – solange die anderen Dinge keine groben Fehler sind, lege ich darauf erst einmal keinen großen Wert. Schnell habe ich meinen Hund überfordert, wenn alles direkt passen und per-

(Thore Brockhoff, 202.de)

fekt sein muss. Der Hund muss jedes Mal vorsitzen, wird beim freudigen Herankommen deshalb direkt eingebremst und ins „Sitz" gedrängt, muss genau die gerade Linie nehmen und wird sofort zurück geschimpft, wenn er das nicht tut. Das finde ich wirklich schade. Häufig führt es dazu, dass der Hund eine kleine Sache falsch macht, er nicht gelobt wird und der Besitzer enttäuscht ist. Alle anderen Sachen (sitzen bleiben, aufnehmen, markieren, freudig zurückkommen) waren aber vielleicht total toll, werden aber, nur weil der Hund den Dummy vielleicht bei der Abgabe fallen gelassen hat, nicht anerkannt. Überlege dir, wenn du mit deinem Hund trainieren möchtest, also immer: Wo liegt mein Fokus? Was möchte ich heute üben? Und belohne dieses Verhalten auch gezielt!

Vorsicht: Mit Spaß haben meine ich nicht, dass wir ab sofort nur noch Larifari machen und keine Regeln haben! Es soll kein unkontrolliertes Halligalli werden, bei dem wir alles toll finden, was der Hund macht! Es gibt natürlich auch hier bestimmte Regeln, aber ich habe mehr Leichtigkeit im Hund und muss selbst als Mensch nicht so angespannt sein. Ich muss mich nicht so furchtbar aufregen, wenn irgendetwas nicht klappt, weil ich es im Zweifel nur mit einem Spielzeug gemacht habe. Nicht direkt am Dummy arbeiten, freundlich bleiben und gezielt Schwerpunkte setzen, ist Gold wert beim jungen Hund oder beim Hund, der neu in der Dummy-Arbeit ist. Ist möchte zudem keine harten Abbrüche beim Voran oder dem Greifen der Beute.

Es ist möglich, auch wenn du es noch nicht weißt - mit dem richtigen Trainer

Manchmal ist es schwierig – gerade für Ersthundehalter –, wenn man nicht weiß oder noch nicht gespürt hat, dass etwas geht. Das ist ja in ganz vielen Dingen so. Man weiß vielleicht theoretisch, dass es geht und hat es vielleicht bei anderen Personen schon gesehen, aber man kann sich in dem Moment noch nicht so wirklich vorstellen, dass der eigene Hund das auch kann, einfach weil man es selbst noch nie gemacht hat. Der absolute Klassiker ist hier das „Blind", bei dem der Hund wirklich gar keine Ansatzpunkte hat, wo der Dummy liegt. Für ganz viele Menschen ist das ein regelrechtes Mysterium, dass es wirklich möglich sein kann, den Hund über lange Distanzen irgendwo hinzuschicken, wobei er gar keine Ahnung davon hat, wo er hinrennen muss um den Dummy zu finden. Durch diese fehlende Vorstellungskraft und Erfahrung hängt es dann meistens auch am Training, weil die Menschen das Gefühl haben: Das geht doch nicht! Ähnlich verhält es sich oft mit dem Stoppen aus einer hohen Erregungslage. Habe ich das noch nicht selbst mit einem Hund geschafft, sehe ich zwar, dass es bei anderen Hunden möglich ist, fühle es aber nicht für den eigenen Hund und es ist in meiner eigenen Realität einfach noch nicht vorhanden. Sicher geht es auch dir so, dass du ein bestimmtes Szenario mit deinem Hund noch nicht erreicht hast und dir aktuell noch gar nicht so wirklich vorstellen kannst, dass das geht. Das ist so, aber es ist nicht schlimm. Mit der Erfahrung, guten Trainern, die dich in die richtige Richtung schubsen, wissen wie es geht, dich und den Hund gut einschätzen können, merkt man dann plötzlich, dass es doch möglich ist.

Ein guter Trainer sagt nicht: ‚Meine Variante ist die einzig wahre', ein guter Trainer hat möglichst viele Werkzeuge in seinem Werkzeugkasten, hat schon mit den unterschiedlichsten Hunden trainiert und hat viele unterschiedliche Herangehensweisen an Dinge entwickelt. Denn: Jeder

(Foto: Thore Brockhoff, 202.de)

Hund ist anders, jeder Mensch ist anders! Es gibt nicht DIE Methode, und wenn nur DIE Methode genutzt wird, fallen einfach viele Hunde und auch viele Menschen durchs Raster, weil sie dafür nicht passen. Ein guter Trainer hat viele Möglichkeiten in petto, hat viel Erfahrung, bleibt offen, lässt sich auf Neues ein, lässt sich auf dich und deinen Hund ein und hört dir zu! Außerdem kann dich ein guter Trainer richtig einschätzen, weiß, was er dir und deinem Hund zumuten kann, wie er euch fördern kann, ohne euch zu überfordern, und welche Übungen genau die richtigen für euch sind. Du möchtest ja weiterkommen und dazu gehört leider auch, dass nicht jedes Training eitel Sonnenschein sein muss. Klar freuen wir uns alle, wenn wir auf ein Training gehen und alles klappt wunderbar, nur komme ich dabei denn auch weiter? Nicht unbedingt! Es darf im Training durchaus Konflikte geben. Häufig sind es gerade die Dinge, die nicht klappen, bei denen wir unfassbar viel lernen dürfen. Wenn im Training keine Probleme auftreten, dann lerne ich auch nicht, wie ich damit umgehe, wenn etwas bei mir nicht klappt. Wenn ich daheim beim Trainieren nicht weiterkomme, wie reagiere ich denn dann und gehe damit um? Was mache ich genau mit MEINEM Hund? So mancher Hund lässt sich zum Beispiel zehnmal zurückrufen und geht immer noch freudig und mit Vollgas wieder raus, aber kann ich das mit meinem Hund auch machen oder stellt er dann nach dem zweiten Mal komplett die Arbeit ein? Ein guter Trainer weiß, wie ich meinen Hund – im Gegensatz zu anderen Hunden – korrigieren sollte. Häufig sind wir Trainer richtige Psychologen und das ist auch ok, denn zum Wachsen des Hundes gehört immer auch der Mensch. Und wenn der Mensch noch nicht erlebt hat, dass es möglich ist, tut er sich zunächst schwer. Wir Trainer haben schon ein ganz anderes Bild vom Hund. Wir sehen Rohmaterial und das Potential dahinter, das dem Halter meist noch schleierhaft ist. Ein guter Trainer zeigt dir Stück für Stück, wie du das gewünschte Verhalten bei deinem Hund entschlüsseln kannst.

Ein guter Trainer ist außerdem nicht nur freundlich und professionell im Umgang mit Hunden, sondern auch mit Menschen. Lass dich nicht runterziehen von einem Trainer, der angeblich so toll ist. Du bezahlst Geld und möchtest auch angemessen behandelt werden. Ja, es ist wichtig, dass der Trainer auch mal ehrlich ist. Wenn ich alles nur schönrede, dann hast du definitiv nichts davon. Aber lass dich nicht anschreien und beleidigen! Egal, wie renommiert dieser Trainer sein soll, und egal, wieviele Erfolge er mit den eigenen Hunden hatte – pack bitte deine Sachen und geh! Die Aufgabe des Hundetrainers ist es, mit den Menschen zu arbeiten, und da ist ein Minimum an Sozialkompetenz einfach ein Muss. Regelmäßige Weiterbildungen, das Erklären von Zusammenhängen und Begründen von Trainingsschritten und ein wohlwollendes und grundsätzlich positives Arbeiten mit dem Hund sehe ich als selbstverständlich an.

Ein gutes Team sein, aneinander glauben und einander vertrauen! Im Dummy-Training, aber auch im Alltag mit unserem Hund unglaublich wichtig! (Foto: Thore Brockhoff, 202.de) →

Du und ich, wir schaffen das!

Oft erlebe ich es, dass Menschen, wenn etwas beim Handling nicht direkt klappt, innerlich regelrecht resignieren in dem Gedanken, der Hund schaffe das nie. Häufig entfleucht dabei noch ein Seufzer der Enttäuschung und die Schultern hängen mutlos nach unten. Dabei ist der Hund immer noch draußen unterwegs und versucht, die Aufgabe irgendwie zu lösen. Stehst du verzweifelt und enttäuscht da, dann merkt das dein Hund (!), auch wenn er gerade über 100 Meter von dir entfernt ist! Ihr seid ein Team, durch ein unsichtbares Band verbunden, also reiß dich um Gottes Willen zusammen und bleib stark und optimistisch! Tu es für deinen Hund! Egal, wie groß die Herausforderung scheint, geh immer mit der Einstellung an die Sache: „Du und ich, wir schaffen das!" Und das Wichtigste: Gib nicht auf! Bleib immer zu 100 % bei deinem Hund und gib dein absolut Bestes bis zum Schluss!

Kleine Dinge, die Großes bewirken!

Von Vroni

Manchmal kommt es eben auf Kleinigkeiten an, aber eben genau auf DIE Kleinigkeiten, die wir in jedem Fall verinnerlichen und im Training immer berücksichtigen sollten. Nimm dir die folgenden Dinge einmal zu Herzen, sei ehrlich mit dir und überlege – achte ich hier genug darauf? Mache ich es falsch? Kann ich noch etwas verbessern?

Richtig loben

Dein Lob sollte nicht großflächig und berieselnd auf den Hund einwirken, sondern immer gezielt eingesetzt werden. Schließlich machen wir dem Hund dadurch kenntlich, welches Verhalten wir gut finden und wovon wir gerne mehr sehen würden. Hat dein Hund also etwas ganz besonders gut gemacht, dann freu dich auch richtig mit ihm! Meist fällt es männlichen Hundefüh-

← Die vielen kleinen Details bewirken in Summe (viel) mehr als wir denken!
(Foto: Thore Brockhoff, 202.de)

rern (sorry) etwas schwerer, aus sich herauszugehen und sich wirklich von Herzen mit dem Hund über eine tolle Leistung zu freuen. Etwas mehr als ein „guter Hund" sollte für eine herausragende Leistung in jedem Fall drin sein! Freue ich mich auf der anderen Seite aber ständig und immer über alles, was mein Hund (im Zweifel auch falsch) macht, ist das zum einen wenig zielführend und sticht zum anderen auch nicht mehr heraus, wenn der Hund dann wirklich mal etwas gut macht. Richtig schlimm ist es, wenn wir mit unserem Lob aus Versehen komplett unerwünschtes Verhalten verstärken. Das passiert meist nicht mit Absicht, sondern in Form einer Aufforderung.

Locken vs. Loben

Ein wichtes Credo: Nutze dein Lob nicht, um zu animieren, nutze es nur als Belohnung! Zeigt der Hund gerade unerwünschtes Verhalten, solltest du ihn besser nicht mit fröhlicher Stimme dazu animieren, etwas anderes zu tun. Es kann passieren, dass der Hund denkt, er wird für eben die gerade gezeigte Handlung von dir gelobt, denn er bekommt nur deine freundliche Tonlage mit, kann aber nicht verstehen, was du sagst. Ein Beispiel: Der Hund hat seine Nase tief im Mauseloch und möchte nicht mitkommen. Was wir mit freundlichen Worten vermitteln möchten: ‚Los, komm mit, weiter geht's!' Was der Hund versteht: ‚Oh cool, mein Mensch freut sich ja total darüber, dass ich hier so toll Mäuse jage.' Das Ergebnis ist, dass wir mit unserem Versuch zu animieren, in Wahrheit das Verhalten verstärken, das wir eigentlich nicht haben möchten. (Der Hund wird also auch weiterhin die Nase in Mäuselöchern vergraben). Sehr viel sinnvoller ist es also, unerwünschtes Verhalten zu unterbinden und fröhliche Worte für erwünschtes Verhalten aufzusparen.

Typische Szenen in der Dummy-Arbeit, bei denen es passiert, dass wir durchs Locken unerwünschterweise loben, entstehen zum Beispiel, wenn der Hund mit dem Dummy an uns vorbeirennt. Wir versuchen derweil, den Hund zu animieren, uns doch noch den Dummy zu bringen, was in den Ohren des Hundes so klingt, als wäre sein Verhalten (mit dem Dummy weg- und um uns herumrennen) gerade vollkommen akzeptabel, wenn nicht sogar gut. Mach hier also keine große Sache daraus, bleibe möglichst normal, dreh dich nicht mit dem Hund mit (!) und greife – wenn möglich – in einem günstigen Moment ein und brich den Hund ab! Häufig sehe ich es ebenso bei der Fußarbeit, dass der Hund gerade fleißig auf dem Boden schnüffelt und der Mensch optimistisch und freundlich animierend versucht, den Hund dazu zu bringen, seine Aufmerksamkeit doch bitte auf ihn zu richten. Aber warum sollte er, wenn er gerade mit freundlichen Worten bespaßt wird, während er fröhlich vor sich hin schnüffelt? Deutlich besser (und schneller) versteht dein Hund, was du von ihm möchtest, wenn du das Schnüffeln nicht zulässt und dich nur über das korrekte Verhalten (Nase oben, Hund gerade am Bein, Aufmerksamkeit bei dir und im Gelände) freust.

Ein Signal kreiert kein Verhalten!

Hunde sind zwar sehr intuitiv und gut darin zu interpretieren, was wir von ihnen möchten, dennoch führt ein Hörsignal natürlich nicht automatisch zu einem bestimmten Verhalten. Auch weiß der Hund nicht, wie eine bestimmte Handlung unserer Vorstellung nach perfekt ausgeführt wird. Wir haben bereits ein Bild vom fertigen Verhalten im Kopf, nämlich, dass „Sitz" bedeutet: Sitz neben mir, sitz vor dem Futternapf, sitz vor mir, sitz überall. Für den Hund ergibt das aber jedes Mal ein anderes Bild. Ebenso hat der Hund dabei ein Bild von uns. Wenn wir also die Hand mit einem Leckerli nach unten ziehen und sich der Hund daraufhin hinlegt, können wir das noch nicht „Platz" nennen, denn das Verhalten ist noch nicht „fertig". Aktuell spielen wir nur das „Hinlegen-Spiel". Wir müssen erst die Hand ausschleichen, aufstehen und vom Hund weggehen können, bevor wir das Hörsignal einführen. Erst wenn das Verhalten genauso aussieht, wie du es dir vorstellst, dann (!) solltest du dem Verhalten einen Namen geben. Benenne niemals einfach ein Verhalten und hoffe dann, dass der Hund es so ausführt, wie du es möchtest.

(Foto: Thore Brockhoff, 202.de)

(Foto: Thore Brockhoff, 202.de)

Eigentlich ganz logisch – und dennoch wird es zu oft noch so gemacht, dass dem Hund kein „Fuß" beigebracht wird, sondern er einfach an die Leine genommen wird, an der ein paarmal gezogen und „Fuß" gerufen wird. Der Hund hat keine Ahnung, was wir von ihm möchten. Es kann dir sogar passieren, dass der Hund dein Signal mit einer ganz anderen Handlung verknüpft als die, die du gerne hättest. Habt ihr zum Beispiel kein schönes „Fuß"-Signal aufgebaut, du sagst aber immer wieder „Fuß", während dein Hund zwei Meter vor dir läuft, um ihn zurück ans Bein zu holen, und ihr beide betreibt das Spielchen schon lange, kann es passieren, dass der Hund für sich manifestiert: „Fuß" muss bedeuten, dass ich zwei Meter vor meinem Menschen laufe, denn immer dann kommt das Signal zum Fußlaufen. Der gleiche Effekt entsteht, wenn mein Hund mit dem Dummy langsam hereinkommt, ich hier aber immer meinen Rückpfiff gebe in der Hoffnung, den Hund damit zu animieren, schneller hereinzukommen. Was aber bei genügend Wiederholungen passieren kann, ist, dass der Hund das langsame Hereinkommen mit deinem Rückpfiff verknüpft. Sei dir dieses Effektes bewusst und nutze Signale besonnen! Hunde lernen durch Assoziation und zeitliche Zusammenhänge. Pass auf, was sich da im Zweifel bei dir einschleichen könnte, und merke dir: Dein Hörsignal wird kein Verhalten erzeugen. Trainiere, bis du das Verhalten hast, das dir gefällt, und benenne es dann!

Repariere nicht den Motor, während er läuft!

Wenn ein Element in deinem Training nicht klappt, solltest du es dir separat ansehen und nicht versuchen, das Verhalten sofort im Zusammenhang zwanghaft abzustellen oder zu korrigieren. Verhaltensketten (wie zum Beispiel das Apportieren) bestehen aus vielen einzelnen Sequenzen: zum Apportel laufen, Apportel aufnehmen, umdrehen, zum Menschen zurücklaufen, Apportel abgeben. Jede einzelne Handlung sollte ausreichend trainiert werden, denn klappt eine der Sequenzen nicht perfekt, funktioniert die Verhaltenskette nicht richtig und wir haben als Ergebnis zum Beispiel keinen sauberen Apport. Tritt doch einmal ein Fehler auf, versuche bitte nicht, das Problem innerhalb der Verhaltenskette zu lösen! Apportiert dein Hund also zum Beispiel den Dummy und kommt schnell und freudig zu dir zurück, gibt dir den Dummy aber nicht schön ab – versuch nicht krampfhaft, beim Apportieren immer wieder an der Abgabe herum zu trainieren, sondern trainiere separat ein sauberes Halten und Abgeben des Dummys, losgelöst von einer kompletten Apportier-Sequenz! Wir zerlegen die Verhaltenskette also und bearbeiten sie Schritt für Schritt, bis am Ende das fertige Verhalten entsteht. Wichtig ist, dass die Basics sitzen und in einer gewissen Reihenfolge aufeinander aufbauend vorgegangen wird. Vor allem bei Verhaltensketten ist es wichtig, das schwächste Glied ausfindig zu machen und separat daran zu arbeiten. Erst wenn es gut klappt, packst du das Element wieder mit in die Verhaltenskette.

(Foto: Thore Brockhoff, 202.de)

Verbessere Fehler, anstatt sie zu bestrafen!

Nur wenn du dir ganz sicher bist, dass der Hund wirklich weiß, was er eigentlich gerade tun sollte – und nur dann (in ganz vielen Fällen weiß er das nämlich nicht) – und du es ausreichend und in unterschiedlichsten Situationen mit ihm trainiert hast, wird er korrigiert und bekommt aber gleichzeitig direkt die Möglichkeit, dann doch noch das richtige Verhalten zu zeigen. Ihr seid ein Team, also hilf deinem Hund dabei Erfolg zu haben!

Wenn du deinen Hund korrigierst, geht es nicht um Schmerzen, sondern um einen Überraschungseffekt

Würden wir beim Hund immer stärker werdende Schmerzreize anwenden, würde er sich schlicht und einfach daran gewöhnen. Er hielte den Schmerz aus und würde dennoch weiterhin das unerwünschte Verhalten zeigen. Überraschen wir den Hund aber im richtigen Moment, mit einer dem Hund angemessenen (mentalen) Stärke und Stimme, wird unerwünschtes Verhalten meist schnell unterbrochen und der Lerneffekt ist nachhaltiger. Ausschlaggebend ist das richtige Timing und dass in jedem Fall ein Abbruch der Handlung erfolgt. Wichtig ist außerdem, dass dein Hund versteht, dass du ihn natürlich immer noch gern hast. Es ist das Verhalten, das dir nicht gefällt. Meist hilft ein neuer Anlauf, bei dem es gut klappt, und ein Lob folgen kann.

(Foto: Thore Brockhoff, 202.de)

Hüte dich vor ungünstigen Verhaltensschleifen!

Zeigt der Hund unerwünschtes Verhalten und dann gutes Verhalten, belohnen und füttern wir ihn oft für das gute Verhalten. Im Prinzip eine tolle Idee, aber: So könnte der Hund auch lernen, dass sich unerwünschtes Verhalten für ihn lohnt. Ein Beispiel: Der Hund springt oft hoch. Nun belohnen wir ihn jedes Mal, wenn er hochgesprungen ist und sich dann wieder hingesetzt hat. Wiederholt sich das so einige Male, denkt der Hund schnell, dass das Hochspringen zum Verhalten dazugehört und er hochspringen muss, um belohnt zu werden. Zack - haben wir dem Hund aus Versehen eine Verhaltensschleife beigebracht. Ähnlich passiert es oft mit dem Fußlaufen. Läuft der Hund zu weit vorne, holen wir ihn wieder in die richtige Position und belohnen ihn dort. Geschieht das auf diese Art und Weise häufig hintereinander, kommt der Hund schnell auf die Idee, dass das gewünschte Verhalten ‚vorlaufen und dann zurückkommen' ist. Das geht meistens immer so weiter und wird zur Endlosschleife. Achte also darauf, was und wann du belohnst, und trainiere nicht aus Versehen Verhaltensschleifen, die du so nicht möchtest.

Von einem Hund erwarte ich Respekt, eine gute Einstellung und Manieren

Tatsächlich gibt es für meine erwachsenen Hunde gar nicht so häufig „richtiges" Training, aber: Ich erwarte jeden Tag Manieren. Meine Hunde werden jeden Tag trainiert, wenn ich mit ihnen spazieren gehe. Dazu gehören ein ordentlicher Rückruf, ordentliches Fuß und ein ordentliches Sitz. Das brauche ich jeden einzelnen Tag und ich sorge auch dafür, dass das funktioniert. Zusätzlich frage ich beim Gassi auch immer wieder einzelne Elemente wie den Stopp-Pfiff, eine kleine Suche oder Markieren ab. Gassi ist also nicht nur Freizeit für die Hunde (die sie selbstverständlich auch haben dürfen), sondern immer auch das Abfragen der Basics. Denke daran: Trainiere alltägliche Dinge jeden Tag und festige die Grundlagen!

← Hat dein Hund Manieren? Achte auch im Alltag darauf, dass sich dein Hund zurücknehmen kann. (Foto: Thore Brockhoff, 202.de)

Gestalte dein Training so, dass dein Hund Erfolg hat!

Zu einem angenehmen Lernklima gehört eine motivierende Trainingsatmosphäre. Die erhältst du durch eine gute, entspannte Stimmung deinerseits, eine tolle Belohnung für deinen Hund, und auch dadurch, dass die gestellten Aufgaben für deinen Hund lösbar und leistbar sind. Überlege dir, wie du deinen Hund fordern kannst, ohne ihn zu überfordern. Vor allem beim Erlernen von neuem Verhalten geht es im ersten Schritt immer darum, die Umstände im Training so zu gestalten, dass deinem Hund quasi gar nichts anderes übrig bleibt, als das richtige Verhalten auszuüben. Mach es dir also nicht schwerer als nötig und hilf deinem Hund, wo es nur geht. Ein Beispiel dafür wäre, dass du am Anfang das Apportieren in einem Gang oder einem länglich abgezäunten Bereich startest. Der Hund hat hier eine klare Vorgabe seines Laufweges und du verringerst das Risiko, dass er rechts oder links abbiegt oder die Beute nicht zurückbringt. Auch ein Placeboard kann helfen, damit zum Beispiel ruhiges Sitzen besser klappt, oder du „schummelst" einfach ein wenig, indem der spannendere Gegenstand auf der Seite liegt, zu der du den Hund schicken möchtest und der weniger spannende Gegenstand als Verleitung dient. Auch ein schrittweiser und verständlicher Aufbau einer Übung ist hier zu nennen. Es gibt zahlreiche Möglichkeiten, wie du deinen Hund unterstützen kannst. Natürlich steigert sich im weiteren Verlauf der Schwierigkeitsgrad – aber möglichst immer so, dass der Hund eine gute Chance hat, zum Erfolg zu kommen und idealerweise abschließend auch nachvollziehen kann, was wir von ihm möchten.

(Foto: Thore Brockhoff, 202.de)

Gesundheit

Von Kristina

Ein nicht zu verachtender Punkt für unser Dummy-Training ist die körperliche Fitness des Hundes. Das betrifft natürlich auch ein wenig dich als Hundehalter. Aber fangen wir erst einmal beim Hund an. Wollen wir, dass unser Hund sportlich aktiv durchs Leben geht und dabei diverse Höhenunterschiede des Geländes schnell überwindet? Dann darf der ein oder andere Gedanke daran verschwendet werden, dass dies sicherlich mit einem Körper, der in guter Verfassung ist, deutlich leichter sein könnte. Denn ich glaube, du kannst gut nachvollziehen, dass körperliche An-

← Wir verlangen unseren Hunden körperliche Höchstleistungen ab – darauf sollten wir sie entsprechend vorbereiten! (Foto: Thore Brockhoff, 202.de)

strengung mit einem fitten Körper leichter von der Hand geht. Vielleicht hast du es selbst einmal ausprobiert und hast eine Sportart gestartet. Ich glaube, wir beide wissen, dass gerade die ersten Schritte sehr anstrengend sind, wir im untrainierten Zustand sehr schnell außer Atem geraten und uns wünschten, wir wären gar nicht erst gestartet. Wir sind sicherlich ein wenig anders als ein Hund mit seinem Körperbau, seiner Struktur und Anordnung der Gliedmaßen gebaut. Ein Hund ist durch die Ausrichtung der Organe ein wenig agiler unterwegs als wir Zweibeiner. Dennoch ist es gut, sich darüber Gedanken zu machen, was wir eigentlich von unserem Hund erwarten. **Wir sollten uns immer wieder vor Augen führen, dass wir nicht nur technisches Können von unserem Hund abverlangen, sondern auch körperliche Leistungen.** Dabei ist egal, ob wir in unserer Freizeit ein paar Dummys holen lassen oder diesem Hobby sehr intensiv nachgehen. Wenn wir einmal von einer intensiveren Nutzung des Hundes im Dummy-Training ausgehen, wirst du mir zustimmen, dass es auf einem anspruchsvollen Gelände für uns Menschen sehr verlockend ist, unseren Hund dort durch zu schicken. Auch das Thema Wasser fordert eine große Kondition von unserem Hund, wenn wir dort über eine gewisse Strecke mit ihm arbeiten möchten. Bei all den Wünschen, die wir an unseren Hund stellen, brauchen wir diesen als einen fitten Vertreter seiner Art.

Wenn wir von den am häufigsten im Dummy-Training gesehenen Hunden ausgehen, haben wir in der Regel mittelgroße Hunde des sogenannten Läufertyps – Hunde, die vom Körperbau her so aufgestellt sind, dass sie sich über lange Zeit ohne großen Energieverlust trabend vorwärts bewegen können. Hunde sind darauf ausgerichtet, sich zu bewegen. Dies zeigt zum einen der Bewegungsapparat, der mit einer Reihe von mehr oder weniger gut ausgebildeten Muskeln ausgestattet und vom Konzept her so aufgebaut ist, dass der Hund als ein trabendes Lauftier während dieser Arbeit kaum einen Energieverlust verzeichnet. Dies ist sicherlich anders bei den zwei weiteren Grundgangarten. Dass Schritt anstrengend ist, mag man gar nicht denken. Bei Galopp verhält es sich natürlich auch so. **Auch die Organe zeigen, gerade bei trainierten Hunden, einen Körper, der auf Leistung ausgelegt sein kann.** Beispielsweise ist die Milz bei jungen Hunden und auch bei trainierten Hunden relativ groß. Sie ist in der Lage, viele rote Blutkörperchen zu speichern und diese bei Bedarf zügig abzugeben. Während eines hohen Energiebedarfs kann der Sauerstoff schnell transportiert werden und ermöglicht einen guten Stoffwechsel, um Leistung möglich zu machen.

Bei allem, was wir mit unserem Hund in der Bewegung tun möchten, sollte uns klar sein, was wir fordern. Vielleicht können wir uns darauf einigen, dass es nicht klug ist, einen Hund, der die ganze Woche über nur kurze Spaziergänge macht, um sich zu lösen, am Wochenende zwei Stunden den Berg hinauf und hinunter zu jagen, um ihn seine Dummys holen zu lassen, weil es zu unserem Hobby gehört. **Es ist nicht nur ein Verletzungsrisiko bei koordinativ eher ungeübten Hunden, sondern auch die Tatsache, dass Kondition ein Punkt ist, der uns wichtig sein sollte.** Das betrifft auch die Trainiertheit der Muskulatur, welche wir für die Arbeit brauchen. Nun ist es beim Dummy-Training erst einmal so, dass der Hund wenig außergewöhnliche Bewegungen macht. Für einen Hund sind Rennen, Drehen, Wenden, etwas Aufnehmen, Tragen und auch Springen ganz normale Bewegungen. Wir haben im Gegensatz zu beispielsweise Dog Frisbee keine teilweise sehr rasanten Sprünge und Drehungen. Deswegen ist auch eine sehr gezielte Aufwärmphase gar nicht unbedingt vonnöten. Selbstverständlich sollte ein Augenmerk darauf gelegt werden, wenn ein Hund einen bestimmten Punkt hat, an dem er dazu neigt, Schwierigkeiten im Bewegungsapparat zu bekommen. Hast du hierfür Übungen an die Hand bekommen, welche dem Hund helfen, fit zu bleiben und ein Training sehr gut zu überstehen, möchten wir dies gar nicht in den Fokus nehmen. Die Trainiertheit der Muskulatur, die für die Bewegung notwendig ist, funktioniert im ganz normalen Alltag, sofern sich dein Hund dreidimensional bewegen darf. Was ist dreidimensionale Bewegung? **Der Hund soll einen gewissen Freilauf genießen dürfen und sich unkontrolliert, ohne von dir permanent gemaßregelt oder gebremst zu werden, bewegen können.** Das ist nicht zu verwechseln mit unkontrolliertem Jagdfreilauf. Er soll koordiniert auf verschiedenen Untergründen laufen, denn mit einer ausgeklügelten Bewegung ist in der Regel schon einmal eine gewisse Grundfitness bei Hunden, die sich gerne bewegen, vorhanden.

(Foto: Thore Brockhoff, 202.de)

(Foto: Thore Brockhoff, 202.de)

Wenn ich auf schwierigem Gelände trainieren möchte, macht es sicherlich auch Sinn, die Ausdauer des Hundes zu verbessern. Wie du es am besten machst, hängt natürlich ein bisschen vom Hund ab. Klar kennen wir joggen oder Rad fahren mit Hund, bei dem ein gewisses Grundtempo über einen längeren Zeitraum trabend gehalten werden muss. Allerdings hast du hier immer nur die Bewegung geradeaus, wenn dein Hund sich angeleint neben dir oder dem Fahrrad befindet. Gut ist es, wenn der Hund viel Freilauf genießen darf und sich in einer gewissen Vielfältigkeit der Bewegungen selbst trainiert.

← Beim Start kommt die meiste Kraft aus den Hinterbeinen! Insgesamt belastet Dummy-Training den gesamten Körper. (Foto: Thore Brockhoff, 202.de)

Natürlich gibt es noch ein paar Punkte extra. Für das Tragen von Dummys wird von manchen Hunden ein stärkerer Aufbau der Muskulatur benötigt. Schauen wir uns einen Hund an, der einen Dummy aufnimmt, können wir bei genauer Beobachtung der Muskulatur feststellen, dass die Aufnahme des Dummys komplett durch den Hundekörper geht. **Sie betrifft nicht nur den Fang, Hals und Kopf, sondern der ganze Rücken muss aktiv tragen.** Je länger dein Hund dies tut, desto intensiver ist natürlich die Wirkung auf die Muskulatur. Auch für ein schweres Gelände und eventuelles Springen braucht er eine gewisse Muskulatur. Diese kannst du zum Beispiel trainieren, in dem du auf dem Spaziergang deinen Hund häufiger Dummys tragen lässt.

(Foto: Thore Brockhoff, 202.de)

All diese Punkte sollten eigentlich selbstverständlich sein. Je mehr wir von unserem Hund im Training erwarten, desto mehr sollten wir daran interessiert sein, einen fitten und gesunden Hund an unserer Seite zu haben. Zu dieser Fitness und Gesundheit gehört für ein Lauftier wie einen Hund ausreichend Bewegung und ausreichend bedeutet nicht, eine halbe Stunde angeleint einmal um den Block zu laufen. Natürlich gibt es Tage, an denen dein Hund von dir nicht so viel bewegt werden kann. Es geht nicht darum, deinen Hund permanent zu beschäftigen, sondern ein Training der Muskulatur, Sehnen und Bänder zu fördern.

KÖRPER UND ERNÄHRUNG

Zurück zum Gewebe, das als Thermoregulation und Speicherung von verschiedenen Substanzen fungiert. Du hast einen Hund, der, wenn er sportlich ist, dafür auch einen gewissen Stoffwechsel braucht. Jetzt brauchen wir nicht ins kleinste Detail zu gehen, um dir verständlich zu machen, warum es eine Belastung für deinen Hund sein kann, wenn er mit deutlichem Übergewicht dauerhaft sportliche Aktivität betreibt. Für den Stoffwechsel, den wir ganz allgemein bezeichnen wollen, braucht dein Hund Sauerstoff. Sauerstoff wird über das Blut und den Weg der Verstoffwechselung zu den Zellen transportiert, die ihn brauchen, um arbeiten zu können. Dies sind beispielsweise einfach die Muskelzellen. Und natürlich bauen diese Muskelzellen während ihrer Tätigkeit mit dem Sauerstoff wieder Produkte ab. **Dieser Kreislauf will versorgt werden und ist bei jedem Hund auf seine Größe und sein natürliches Idealgewicht ausgerichtet.** Ist das Gewicht zu hoch, hat das Kreislaufsystem viel zu tun, um diese zusätzlichen Kilos zu versorgen. Das ist das eine. Das andere ist, dass mehr Gewicht auch mehr Belastung an verschiedenen Strukturen bedeutet.

Dein Hund hat einen Heckantrieb, sprich: Seine Hinterhand ist der Beschleuniger und Kraftaufbringer, um überhaupt in eine schnelle Bewegung zu kommen. Diese Kraft und Schnelligkeit führt über den Rücken in die vordere Masse. Hier gibt es die Besonderheit, dass es zwischen Vorderhand, Rumpf, Körper, Brust und Schulter des Hundes quasi keine knöcherne Verbindung gibt, sondern diese Vorderhand wird wie eine Hängematte durch ganz viele Faszien, Muskulatur und Bindegewebe am Rumpf gehalten und verhält sich hier wie ein Stoßdämpfer. Das bedeutet, dass die Bewegung aus der Hinterhand, übersetzt über den Rücken, mit den Vorderbeinen abgefangen und in der Richtung, in die der Hund gerade möchte, begleitet wird. Bei dem Stoßfänger oder der Hängematte, in die das Vorderbein des Hundes jeweils gehängt ist, ist natürlich kaum zu merken, dass es sich hierbei um keine knöcherne Struktur handelt. So fest und strukturiert wie alles am Hundekörper zu sein scheint, ist es schwer vorstellbar, dass wir hier eher eine weiche Verbindung zwischen diesen Körperteilen haben. Diese Hängematte, bleiben wir mal bei dieser Bezeichnung, ist sehr weit am Hundekörper aufgehängt. Kannst du dir vorstellen, dass die ersten Fasern, quasi vom Hals bis zum mittleren Rücken eingebettet, genügend Stabilität und einen tollen Puffer für die Bewegung darstellen?

Wenn wir permanent eine deutlich stärkere Einwirkung des Gewichts haben als die, die für diesen Hundekörper vorgesehen ist, kannst du dir vielleicht vorstellen, dass diese Fasern mehr beansprucht werden, als dies von der Natur gedacht ist. Es geht nicht darum, dass der Hund nur aus Muskeln und Knochen bestehen muss, um Sport zu machen. Ganz im Gegenteil. Ein gesundes Maß ist hier ganz wichtig. Dieses gesunde Maß zu finden, ist nur leider nicht ganz so einfach, wissen wir doch aus neueren Studien, dass diese Wachstumskurven, die du beispielsweise für heranwachsende Hunde finden kannst, nicht unbedingt genutzt werden sollten.

Video 19

Hier bekommst du Extra-Wissen der Tier-Physiotherapeutin Britta Reiland. →

Damit Hund lange fit bleibt, sollten wir den Bewegungsapparat stärken!
(Foto: Thore Brockhoff, 202.de)

Körpersprache

Ein Thema, das in Seminaren und Trainings oft zum Vorschein kommt und zu dem du dir bisher vielleicht wenig Gedanken gemacht hast, ist die Körpersprache, die wir in der Dummy-Arbeit gezielt einsetzen können. Dir bewusst zu sein, was du deinem Hund an Signalen beibringen möchtest, wie du sie körpersprachlich einübst und was du bei ihnen zu berücksichtigen hast, darauf wollen wir in diesem Kapitel eingehen.

DIE POSITION DER EINWEISEHAND

Starten wir mit der Position der Hand beim Voranschicken. Der eine glaubt, das Ultimative sei, immer die linke Hand zu nutzen, der andere fühlt sich mit der rechten wohl und glaubt, das sei die Wahrheit. Am Ende des Tages ist es wie mit vielen anderen Sachen auch: Es gibt Vor- und Nachteile bei beiden Varianten.

Dein Start-Ritual

Grundsätzlich solltest du beim Voranschicken, also dem Hund in gerader Linie anzeigen, wo er hinlaufen soll, um Beute zu machen, ein klares Start-Ritual etablieren. Egal, wie du dein Voran aufbaust, das Einzige, was du später in jeder Situation mit dabei haben wirst, ist dein Start-Ritual. Dieses ist immer und überall genau so reproduzierbar. Der Aufbau mit Fähnchen, Stäben, Sichthilfen, Wegehilfen, Helfern und Co. ist für verschiedene Hunde hilfreich. Aber keines dieser Dinge wird mit dabei sein, wenn du deinen Hund einweisen musst und er nicht weiß, wo es hingehen soll. Ein Blind ist unser Ziel, dafür nutzen wir verschiedene Herangehensweisen. Die Konstante dabei sollte immer unser Start-Ritual sein. Dieses Start-Ritual sollte für den Hund klar, gut reproduzierbar und mit einem für ihn eindeutigen Signal verbunden sein. Für mich ist dieses

← Nicht zu hoch und nicht zu tief. Deine Hand sollte im Sichtfeld des Hundes sein, ihn aber nicht bedrängen oder einschränken. (Foto: Thore Brockhoff, 202.de)

eindeutige Signal die den Hund weisende Hand – die Hand, die in seinem Sichtfeld auftaucht und die er visuell wahrnehmen und als Visier zum Anpeilen seiner Lauflinie nehmen soll.

Die Hand muss sichtbar sein

Dieses Anpeilen kann der Hund ausschließlich dann, wenn er die Möglichkeit bekommt, die Hand in seinem Sichtfeld wahrzunehmen. Stellen wir uns nun vor, wie das Sichtfeld des Hundes ist, so wird auch schnell deutlich, wo die Hand überhaupt eine Chance bekommt, vom Hund gesehen zu werden. Als Beutegreifer hat unser Hund ein sehr gutes peripheres Sehen. Durch die Lage und Form der Augen kann er seitlich größere Winkel optisch besser wahrnehmen als beispielsweise wir Menschen. Das Sichtfeld nach oben ist nicht so wichtig – ein Beutegreifer erwartet weniger Angriffe aus der Luft. Das heißt für uns, dass die Hand tief genug gehalten werden muss, damit unser Hund sie wahrnehmen kann. Ich finde immer, dass du sehr gut sehen kannst, ob dein Hund die Hand wirklich mitbekommt, denn es gibt eine kleine Mikrobewegung im Kopf. Du setzt mit deiner Hand einen Bewegungsreiz, dem der Hund automatisch folgt.

Nun können wir hier lange darüber streiten, ob es sinniger ist, die Hand mittig vor den Hund zu halten, seitlich daneben oder welche Varianten auch immer du bevorzugst. Wichtig ist, dass der Hund diese Hand wahrnehmen kann, sie nicht so nah an seinem Kopf ist, dass er dadurch schielen muss und sie nicht so hochgerissen wird, dass der Hund permanent auf die Hand nach oben schaut. Sie sollte sich

Hunde sind Bewegungsseher

Alles, was sich bewegt, wird im Hundegehirn als wichtig angezeigt. Das liegt an der Eigenschaft des Hundes als Beutegreifer. Ein sich bewegendes Element könnte Beute sein, könnte also Fressen sein, könnte wichtig sein. Mit deiner Hand, die du ins Sichtfeld des Hundes bringst, setzt du einen wichtigen Bewegungsreiz. Der Hund soll erst unsere Hand wahrnehmen und wenn unsere Hand steht, bestenfalls das, wohin unsere Hand zeigt. Stell es dir vor wie bei einer guten Spiegelreflex-Kamera, die erst die Hand scharf stellt und dann den Hintergrund der Hand. Ziehen wir die Hand zu schnell weg, nachdem wir den Hund geschickt haben, wird vom Hundehirn die Aufmerksamkeit wieder auf den bewegten Reiz auf Kopfhöhe gelenkt. Und zack - weiß er nicht mehr, wohin er rennen soll . . . Lass also deine Voran-Hand eine Weile stehen und nimm sie erst langsam runter, wenn dein Hund unterwegs ist.

(Foto: Thore Brockhoff, 202.de)

klar nach vorne orientieren und immer die gleiche Position einnehmen. Der wichtigste Punkt ist, immer das Gleiche zu tun und diese Hand auch als Visier für den Hund **stehen zu lassen**, wenn du ihm das akustische Signal zum Herauslaufen gegeben hast. Du solltest sie nicht mit dem Aussprechen des akustischen Signals sofort wegreißen. Gerade Hunde, die diese Sicherheit gerne haben oder sehr aufmerksam sind, was deine Kommunikation und deine Bewegung anbelangt, kann das Wegreißen der Hand irritieren. Es kann passieren, dass der Hund noch einmal nachfragt, ob es wirklich in diese Richtung geht oder ob das Losgehen korrekt war.

Du solltest grundsätzlich vermeiden, während des Zeigens zu viel nach unten auf deinen Hund zu schauen und die Hand nach deinem Hund auszurichten. Dies ist sicherlich kein schwerer Fehler, doch wenn du einmal darauf achtest, wo du hin möchtest, dann orientiere dich mit deiner Zeigerichtung nicht am Hund. Orientiere dich stets, mit der Hand weisend und dem Kopf nach vorne schauend, in Richtung Ziel, um danach den kontrollierenden Blick zu deinem Hund zu werfen, ob er in die korrekte Richtung eingerichtet ist und deine Vorgabe übernimmt. Mit deinen Beinen solltest du außerdem möglichst wenig tun!

Linke oder rechte Hand?

Die linke Hand bietet einige Vorteile, denn hier hast du einen sehr kurzen Weg. Auf der linken Seite neigt man ebenfalls nicht so sehr dazu, den Oberkörper zu verdrehen, die Hand in Richtungen zu schieben oder dem Hund körpersprachlich aufs Dach zu steigen. Du bist in der Regel wunderbar in einer geraden Linie mit dem Hund, vorausgesetzt, er sitzt links neben dir. Somit hast du gute Chancen, auch wirklich die gerade Linie nach außen hin zu zeigen. Nachteile an der linken Seite können beispielsweise sein, dass du mit der linken Hand deinen Hund ein wenig verdeckst, da der Arm genau auf der Linie des Hundes ist. Manchen Personen fällt es in diesem Fall etwas schwerer, genau zu beobachten, ob ihr Hund wirklich in die Richtung schaut, in die er hinauslaufen soll, oder gerade noch irgendwo anders hin geäugt hat. Die linke Hand hat oft auch den Vorteil, dass wir durch weniger Veränderungen in unserer Körpersprache, gerade im Oberkörper, den Hund nicht zu sehr aus der Konzentration bringen. Je weniger du tun musst, um die richtige Position zum Schicken einzunehmen, desto reibungsloser funktioniert dieser Ablauf in der Regel.

Es gibt mindestens genauso viele Menschen, die lieber die rechte Hand nutzen. Beides ist erlaubt. Bei der rechten Hand und in dem Fall, dass der Hund links sitzt, haben wir dadurch, dass wir über Kreuz arbeiten, sehr genau darauf zu achten, dass wir gerade stehen bleiben. Wir dürfen trotz Drehens unseres Oberkörpers unsere Achse, in der wir gerade ausgerichtet zum Zielpunkt stehen, nicht verändern. Hier entstehen die meisten Schwierigkeiten, denn durch das Verschieben des Oberkörpers drückt man den Hund im Zweifel von der Linie weg. Achte genau darauf, wenn du die Hand nach vorne stellst, dass du deinen Hund nicht bedrängst. Achte darauf, dass die rechte Hand nicht ausschließlich über den Oberkörper zum Hund gebracht wird, stattdessen solltest du aus dem Schultergelenk heraus deinen Arm tarieren, um ihn so gerade an den Hund zu positionieren. Ich empfehle immer leichtes Abkippen im Becken, um dann über die Arbeit aus dem Schultergelenk heraus den Arm so hinzustellen, dass dein Hund diesen gut wahrnehmen kann. Ein kleiner Vorteil kann sein, dass du hier die Sicht auf den Hund komplett frei hast, also sehen kannst, in welche Richtung der Hund gerade mit dem Kopf schaut. Gerade auch bei jüngeren Hunden in der Phase der Einarbeitung, wo du gegebenenfalls mit einem Kurzführer arbeitest, hast du die linke Hand immer parat, um diese unter Umständen sauber zu bedienen. Wie auch immer du es gestaltest, habe im Kopf, dass das Start-Ritual für deinen Hund, also die weisende Hand, der Punkt ist, den du überall mit hinnehmen wirst. Es ist die einzige Konstante, die dein Hund beim Einweisen lernen sollte.

Kleine Details und ziemlich viel Genauigkeit, ich weiß! Doch sich dieser paar Grundsätze bewusst zu sein, kann an vielen Punkten sehr hilfreich werden. Es gibt nicht die eine oder die andere Wahrheit. Natürlich kommt es auch auf die Hundegröße an, vielleicht auch auf deine körperlichen Fähigkeiten. Habe diese Punkte für dich im Kopf und schaue, mit welcher Variante du am besten zurechtkommst!

(Foto: Thore Brockhoff, 202.de)

(Foto: Thore Brockhoff, 202.de)

Entscheide dich allerdings für die eine oder die andere Seite!

SEITLICHES EINWEISEN

Machen wir nach dem Geradeaus-Einweisen weiter mit dem Handling auf Entfernung: das Seitlich-schicken und Backschicken. Diese einzelnen Elemente üben wir erst einmal wie jedes andere Signal, das du deinem Hund beibringen möchtest, separat. Das bedeutet, wir üben alle einzelnen Elemente im Statischen Stück für Stück so, dass dein Hund die Handlung, die er aus dem Nahbereich kennengelernt hat, später auch in Entfernung reproduzieren und umsetzen kann. Wichtig hierzu sind selbstverständlich die einzelnen Schritte des Erarbeitens, Wiederholens, Festigens und Absicherns. Doch schon am Anfang sollten wir uns um ein paar Kriterien Gedanken machen, um erstens uns persönlich die Abfolge gut und sofort in einem sauberen Ablauf beizubringen, und zweitens ebenso das Ritual so dem Hund zu lehren, dass es auch auf Entfernung gut sichtbar für den Hund wird.

Fangen wir zunächst einmal mit dem seitlichen Einweisen an. Kommt der Punkt, an dem du deinen Hund in der späteren Anwendung zur Seite einweisen musst, hast du ihn vorher aus dem vollen Lauf gestoppt und möchtest ihn von dir aus einen rechten Winkel laufen lassen. Hunde sind Bewegungsseher, Bewegung ist etwas, auf das der Hund durch seine Prioritäten in der Sinneswahrnehmung am ehesten reagiert. Stellen wir uns vor, dass unser Hund im Anwendungsfall 80 Meter oder mehr von uns entfernt gestoppt steht oder sitzt und auf unser Signal wartet. Haben wir hier eine schon größere Entfernung, muss uns klar sein, dass unser Zeigen auch auf diese Entfernung sehr gut sichtbar und deutbar für den Hund sein sollte. Viele machen sich einen optischen Kontrast zunutze, beispielsweise weiße

Karten, weiße Gegenstände in den Händen oder vielleicht sogar Armstulpen. Dies ist Gewöhnungs- und Geschmackssache und kann je nach Geländehintergrund hilfreich sein, um dem Hund die deutliche Bewegung durch den hohen Kontrast noch besser zu zeigen. Für mich reicht meine sehr helle Handfläche in der Regel gut aus. Wichtig hierbei ist wieder, dass diese Handfläche für den Hund größtmöglich sichtbar gemacht wird, nimm also deine Finger zusammen und spreize sie nicht!

Wenn ich einweise, stehe ich frontal zum Hund, damit dieser mein komplettes Display mit gerade zu ihm zeigenden Schultern wahrnehmen kann. Ich stelle mir dies manchmal ein wenig vor, als hätte man eine Figur aus Pappmaché, die man drehen und zeigen würde, wie ein Schild, das du hochhebst. Dieses Frontale Zu-dem-Hund-Stehen üben wir in der Regel vom ersten Step, wenn wir das Zur-Seite-Einweisen beginnen in einzelnen statischen Übungen. So sollte dein Hund dich später nach weiterem Training aus der Entfernung wahrnehmen können. Mein Arm dient als verlängerte Linie einer Parallele der Lauflinie des Hundes, die ihn zum Dummy führt. Das bedeutet, dass mein Arm für den Hund gut sichtbar sein soll. Und dieser in meiner Körperebene bleibt. Häufig kippt der Arm nach hinten und ist dann nicht mehr gut zu sehen. Auch wenn ich ihn zur Seite hinausschiebe und dem Hund somit die Erlaubnis zum Laufen mit dem verbalen Signal in Verbindung erteile, passieren gerne verschiedene ungünstige Dinge. Oft sind es sehr schnelle Bewegungen, die dazu führen, dass unsere Schulter und der dazugehörige Arm pendelt, der Arm zu weit nach hinten rutscht

(Foto: Thore Brockhoff, 202.de)

oder nach vorne schiebt. Fallen wir mit der Schulter nach hinten, so verschwindet der Arm aus der Perspektive unseres Hundes und die Hand ist schlechter sichtbar.

Das kannst du gerne mit einem Trainingspartner einmal durchspielen. Testet einmal, was für Veränderungen sich ergeben, wenn ihr eure Körperposition mit zeigender Hand verschiebt. Oft wird einem dadurch sehr schnell deutlich, dass das Einweisen auf Entfernung so nicht leichter für den Hund wird. Und je eher man sich dieser Situation bewusst ist, desto schneller fällt es einem auch alleine im Training auf und man kann beginnen, daran zu denken. Die schnell nach hinten kippende Schulter ist das eine. Die sehr zackige Bewegung, vielleicht sogar mit Ausfallschritt, das nächste. Durch diesen Ausfallschritt passiert es oft, dass die Schulter nach oben zieht oder die Hand nach oben zeigt, vielleicht sogar nach unten. Beides kann unterschiedliche Auswirkungen haben, gerade bei Hunden, die sehr intensiv auf deine Körpersprache achten. Kommst du durch einen sehr ausgreifenden Ausfallschritt dazu, die Hand zu sehr nach oben zu reißen, kann für deinen Hund die Unterscheidung zum „Back" undeutlich werden. Zeigt die Hand nach unten, so kennen viele Hunde die nach unten zeigende Hand aus dem klassischen körpersprachlichen Muster, um den Hund zu uns zu rufen. Es zieht also viele Hunde von der Linie weg, die ich eigentlich zeigen wollte, und auf mich zu. Achte also beim seitlichen Einweisen nicht nur darauf, dass die Schulter bei deiner Bewegung nicht nach hinten fällt, sondern auch darauf, dass der ausgestreckte, zeigende Arm stets auf einer Höhe mit deiner Schulter bleibt! Er ist quasi wie eine Waage zur Seite ausgestreckt.

(Foto: Thore Brockhoff, 202.de)

Wenn wir ein Stückchen an deinem Arm weitergehen, haben wir da noch das Handgelenk. Das Handgelenk sollte möglichst steif und in einer Linie zu deinem Arm bleiben. Mach hier also keine Bewegung nach hinten und überstrecke es nicht. Dadurch verschwindet deine Hand nach hinten und wird für den Hund auf Entfernung schwieriger zu sehen. Du kannst für kleine Abweichungen des 90 Grad-Winkels nach vorne oder hinten deine Schulterbewegung nutzen. Durch gezieltes Nach-vorne-schieben oder Nach-hinten-drücken der Schulter kannst du den Hund ein kleines bisschen mehr nach hinten oder nach vorne abbiegen lassen.

(Foto: Thore Brockhoff, 202.de)

„BACK"

Ein weiterer Punkt, den wir in der Körpersprache beachten sollte, ist das „Back"-Schicken. Der Hund soll sich nach dem Stoppen 180 Grad drehen und sich in Laufrichtung weiter von dir weg bewegen. Wann nutzen wir das? In der Regel brauchen wir es dann, wenn ein Hund zu früh in die Suche gegangen ist, er über eine Fallstelle muss oder du dich in der Tiefe verschätzt und deinem Hund zu früh mitgeteilt hast, dass er warten oder vor Ort suchen soll. Der Ort, an dem der Hund den Dummy finden wird, ist in der verlängerten Linie von dir und dem sich auf Distanz befindenden Hund. Welche Punkte gibt es hier, die wir körpersprachlich noch zusätzlich berücksichtigen sollten? Wir haben schon beim Rechts- und Links-Einweisen einige allgemein gültige Dinge zum Handling geklärt. Wir wollen immer versuchen, unserem Hund die bestmögliche Sicht auf das auszuführende Kommando zu geben – auch auf große Entfernungen. Die Bewegung ist in der Regel das, was im Handling mit dem Hund sehr prominent ist. Dein verbales Kommando gehört zwar auch mit dazu, dennoch ist die Bewegung nicht so unwichtig, wie wir immer denken.

Auch hier gilt, dass die Bewegung nicht in Windeseile passieren sollte und der Hund wie vom Blitz getroffen auf einmal eine körpersprachliche Ansage bekommt. Stelle dir die Armbewegung vor, als würdest du deine Fingerspitzen Richtung Himmel schieben - genauso wie du beim seitlichen Einweisen eher darüber nachdenken könntest, dass du diese Armbewegung schiebend zur Seite machst.

(Foto: Thore Brockhoff, 202.de)

Wir wollen keine Zack-Zack-Handbewegung, mit der wir den Hund überrumpeln und los geht es. Achte darauf, dass du deinen Arm langsam bewegst und du den Hund führst, nicht mit der Hand einfach eine schnelle Wischbewegung machst!

Deine Hand sollte in dem Moment, in dem du deinen Hund stoppst, bereits oben sein. Sie dient als Sicht-Anker für deinen Hund. Die Hand ist für das Stoppen nicht nötig, das ist auch rein physiologisch überhaupt nicht machbar. Wenn der Hund von mir wegrennt, sieht er schließlich nicht nach hinten und realisiert deshalb nicht, was ich mit meiner Hand tue. In dem Moment aber, wo der Hund in meine Richtung blickt, habe ich sofort das auftrainierte Signal: die Handfläche, die es zu verfolgen gilt. Ich habe also einen Fokuspunkt, auf den der Hund sich fixieren kann und von dem er weiß, dass ich aus diesem heraus agieren werde.

Ich habe für das Stopp meine Hand nicht komplett nach oben ausgestreckt, sondern etwas mehr als schulterhoch seitlich neben mir mit gebeugtem Ellenbogen. Es ist dabei immer bereits beim Stoppen die Hand oben, mit der ich weiterarbeiten möchte! Stoppe ich etwa, um den Hund nach rechts hinten zu schicken, ist meine rechte Hand oben. Möchte ich den Hund über meine linke Hand nach hinten drehen und weiterlaufen lassen, ist meine linke Hand im Stopp-Pfiff oben und arbeitet dann auch mit dem Hund weiter. Hier sparst du ein wenig Zeit und Konzentration. Wenn du aus Gewohnheit beispielsweise immer nur die rechte Hand hebst, wenn du Rechtshänder bist, und immer erst wechseln musst, bevor du in das Handling gehen kannst, hast du hier einen Punkt, der unter Umständen bei manchen Hunden dazu führt, dass sie sich schon in Bewegung setzen oder versuchen, deine Signale zu deuten. Gewöhne dir also gerne an, dass du für das Stoppen bereits die richtige Hand nutzt!

Meine Bewegung beim „Back" funktioniert dann wie folgt: Ich bleibe in der Ebene neben meinem Körper – dort, wo ich die Hand zum Stoppen aufgestellt habe – und strecke einmal den Arm komplett gen Himmel. Meine Hunde trainiere ich so, dass sie dies als Vorwarnung dafür nehmen, dass es jetzt nur nach hinten gehen kann. Ich gebe quasi ein „Vorsignal". Erst durch das erneute Beugen, Hinunterziehen und wieder Nach-oben-schieben meines Armes, in Kombination mit meinem akustischen Signal (in diesem Fall „Back"), soll mein Hund sich über die Seite drehen, die ich ihm anzeige. Achte hierbei darauf, dass dein Arm nicht durch eine Oberkörperbewegung vielleicht vor deinen Körper rutscht. Auch die Bewegung nach vorne auf den Hund zu, um ihm zu demonstrieren, dass er sich umdrehen und weiter nach hinten gehen soll, ist für Hunde sehr schwer zu sehen. Wir erinnern uns daran, dass 3D-Sehen bei Hunden weniger stark ausgeprägt ist als bei uns Menschen. Mache es dir und deinem Hund also leicht und versuche, Möglichkeiten zu schaffen, dass der Hund deine Handsignale auch auf Entfernung sehr gut wahrnehmen kann.

Wir sind nun an der Stelle, an der wir uns fragen können, warum wir denn überhaupt eine linke und eine rechte Hand benutzen wollen, warum wir gezielt den Hund über die eine oder die andere Hand drehen lassen möchten. Ich kenne durchaus die Annahme, dass ich meinen Hund auch ohne Armbewegung in dieser Richtung weiterschicken möchte. Sicherlich ist dies auch trainingstechnisch kein falsches Ziel. Ich persönlich habe gerne eine Möglichkeit der Differenzierung und schicke meine Hunde entweder über die rechte oder die linke Schulter nach hinten (Begründung siehe Troubleshooting „Back").

Checkliste für deine Körpersprache beim Handling

- Handgelenk möglichst gerade, nicht gestreckt oder überstreckt, Handfläche auf einer Ebene mit dem Arm
- Arm nicht nach hinten oder vorne schieben, sondern auf einer Ebene mit deinem Oberkörper
- Keine großen Bewegungen mit den Beinen
- Handfläche möglichst groß, die Finger zusammen, um eine bestmögliche Fläche zu haben
- Den Hund führen statt zu wischen!

Muss der Trainer selbst erfolgreich bei Prüfungen sein?

Dieser Punkt wird in den sozialen Medien häufig wild diskutiert. Bin ich selbst sehr ambitioniert und im Prüfungswesen unterwegs, sollte der Trainer natürlich Bescheid wissen, welche Regeln dort gelten und idealerweise auch schon einige dieser Prüfungen mit eigenen Hunden durchlaufen haben – einfach damit er weiß, was euch dort erwartet, euch entsprechend darauf vorbereiten und die richtigen Schwerpunkte setzen kann. Und natürlich kannst du von einem erfolgreichen Hundeführer sehr viel lernen. Erfahrung ist wertvoll und möchte ich im gleichen Bereich erfolgreich sein, dann lohnt sich der Input allemal. Dennoch geben wir hier einige Punkte zu bedenken, die du berücksichtigen solltest. Nicht jeder erfolgreiche Hundeführer ist auch gleichzeitig ein guter Trainer!

Dieses Zitat wurde mir von Melanie Stühler übertragen; es wurde gerne und häufig von der verstorbenen Trainerin Tinekke Antonisse genutzt und beinhaltet viel Wahrheit! Es soll heißen: Schau bei sehr erfolgreichen Hundeführern immer auch darauf, wieviele Hunde es nicht geschafft haben und schon während des Trainings aussortiert wurden. Wieviele Hunde hat dieser Mensch verschlissen, um seine Erfolge zu erreichen? Wieviele Hunde haben

> »Schau dir nicht nur die Erfolge des Trainers an, schau dir immer auch den Friedhof an!« – Tinekke Antonisse

← Sind die Überflieger auch gleichzeitig die besten Trainer? Ja und nein ...
(Foto: Thore Brockhoff, 202.de)

nicht in die eine Methode dieses erfolgreichen Hundeführers gepasst und mussten gehen, wurden weiterverkauft oder im Kennel geparkt? Das ist eine Methode, die sicherlich gut für die Zuchtselektion ist und die Gene der leicht trainierbaren Hunde nach vorne bringt, sie spricht aber eher nicht dafür, dass dieser Mensch ein guter Trainer ist und sich auf dich und deinen Hund einstellen kann.

Zertifikate an der Wand sind nicht alles. Jeder hat seine eigenen Ansprüche an seinen Hund, Erwartungen und Ziele. Prüfungstage sind immer formabhängig und zeigen immer nur eine Momentaufnahme deines Trainings. Auf Prüfungen gehen ist das eine, mit seinem Hund auf etwas hinarbeiten, das im Zweifel wichtiger ist, ist das andere.

Finde heraus, wie erfolgreich und zufrieden die Kunden des Trainers sind! Das zeugt definitiv von gutem Coaching. Und: Schau dir an, wie der Trainer mit seinen eigenen Hunden umgeht und wie er mit ihnen arbeitet. Zum einen kannst du dir hier viel abschauen und zum anderen ist es gut, wenn ein Trainer offen ist und dir auch zeigt, wie er seine Hunde korrigiert, wenn nicht alles perfekt läuft. Das zeugt auch von Größe, denn vielen würde das sehr peinlich sein, wenn mit den eigenen Hunden vor dem Kunden etwas nicht klappt. Dieser Trainer hat aber verstanden, dass es nicht darum geht, sich zu profilieren, sondern es geht immer um den Hund. Der eigene Hund soll lernen und Fortschritte machen, genauso wie du und dein Hund Fortschritte machen sollen. Denn darum geht es wirklich - und nicht um eigene Erfolge oder tolle Darbietungen.

Zum Abschluss noch ein wichtiger Hinweis für alle Dummy-Neulinge: Jeder Trainer arbeitet basierend auf seinen eigenen Erfahrungswerten etwas unterschiedlich, hat eigene Vorstellungen, eigene Regeln. Gehst du früh zu vielen unterschiedlichen Trainern, wird dich das verwirren und damit verwirrst du auch deinen Hund. Besonders fatal ist das, wenn dein Hund noch recht jung ist. Deshalb: Schau dir einige Trainer an und entscheide dich dann für EINEN. Mit dem legst du die Grundlagen für ein erfolgreiches Dummy-Training. Sind diese Grundlagen gefestigt und du findest dich in der Dummy-Arbeit soweit gut zurecht, kannst du dir natürlich auch andere Trainer und deren Vorgehensweisen, Ansätze und Ideen ansehen. Dafür sollten die Grundlagen aber einfach soweit passen, dass eine große Verwirrung ausgeschlossen ist. Später lernst du Schritt für Schritt zu selektieren und bist auch erfahren genug, um entscheiden zu können: Ist dieser Ansatz/Tipp für mich und meinem Hund sinnvoll oder eher nicht?

Video 20

Ein bisschen Spaß muss sein! Versuch diese lustige Dummy-Challenge doch mal mit einem Trainingspartner! →

Danke ...

(Foto: Andrea Geiger)

... für dein Interesse! Wir hoffen, du hast dich mit diesem Buch und den zugehörigen Videos abgeholt gefühlt, und konntest viel für dein Training mitnehmen.

Noch mehr Infos & Videos findest du:

- auf unseren YouTube Kanälen **@dogforward @hundepraxis**
- auf unseren Instagram Seiten **@naughty_barney @hundepraxis**
- in unseren Online-Kursen unter **elopage.com/s/hundepraxis**

In unseren Podcasts:

Hundepraxis – der Podcast,
WAUFgeschnappt – der Podcast von DER HUND.

Du findest sie überall, wo es Podcasts gibt!

Zu unserer Trainer-Weiterbildung kommst du unter **dummytrainer.online**

Mehr zu uns findest du unter **hundepraxis.com** und **dog-forward.de**

... für den aktiven Hundehalter
Hund & Freizeit
www.hund-und-freizeit.de
Hund&Freizeit
www.hund-und-freizeit.de
Alles rund ums Apportieren –
Von Dead Fowl Dummies über Wasserdummies bis hin zu Felldummies
Herzlich willkommen bei Ihrem Onlineshop für Hundebedarf – Hund & Freizeit!
Entdecken Sie in unserem Onlineshop eine exklusive Auswahl an renommierten und innovativen Produkten rund um Hund und Freizeit. Wir bieten alles, was Ihr Hund benötigt: von effektiven Trainingsartikeln zum Apportieren über spannendes Spielzeug, hochwertige Pflegeprodukte, robustes Outdoor-Zubehör und vieles mehr.
DEAD FOWL DUMMIES
FELLDUMMIES
WASSERDUMMIES
MOXONLEINEN
einzigartig. individuell. persönlich.
Entdecken Sie unsere besonderen selfmade Moxonleinen.
Ob Länge, Farbe oder Zugbegrenzung, Ihr Wunsch – unsere Umsetzung!